BestMasters

Mit „BestMasters" zeichnet Springer die besten Masterarbeiten aus, die an renommierten Hochschulen in Deutschland, Österreich und der Schweiz entstanden sind.

Die mit Höchstnote ausgezeichneten Arbeiten wurden durch Gutachter zur Veröffentlichung empfohlen und behandeln aktuelle Themen aus unterschiedlichen Fachgebieten der Naturwissenschaften, Psychologie, Technik und Wirtschaftswissenschaften.

Die Reihe wendet sich an Praktiker und Wissenschaftler gleichermaßen und soll insbesondere auch Nachwuchswissenschaftlern Orientierung geben.

Irene Teubner

Viren in den Donau-Flussauen

Saisonalität und Interaktion mit Bakterien und abiotischen Faktoren

Irene Teubner
Universität Wien
Wien, Österreich

BestMasters
ISBN 978-3-658-08064-8 ISBN 978-3-658-08065-5 (eBook)
DOI 10.1007/978-3-658-08065-5

Die Deutsche Nationalbibliothek verzeichnet diese Publikation in der Deutschen Nationalbibliografie; detaillierte bibliografische Daten sind im Internet über http://dnb.d-nb.de abrufbar.

Springer Spektrum

Gedruckt auf säurefreiem und chlorfrei gebleichtem Papier

Springer Fachmedien Wiesbaden ist Teil der Fachverlagsgruppe Springer Science+Business Media
(www.springer.com)

Mission Statement

The mission of the Department of Limnology and Oceanography is to gain and communicate scientific knowledge on the ecology of pelagic and benthic life in inland waters and marine ecosystems ranging from glacier-fed streams to saline lakes and from coastal seas to the deep sea including hydrothermal vents. The main goal is to understand the biodiversity and ecosystem functions, and the interactions of these with the physical and chemical environment. We combine concepts and theory from ecology, physiology and biogeochemistry with cutting-edge technology to achieve this endeavour. Organisms we study include viruses, microbes and metazoans and their interactions from the population to the ecosystem level. The Department of Limnology and Oceanography also facilitates and supports education in Biology and Environmental Sciences at the University of Vienna and on an international level.

Aims of the Peduzzi-Lab

Understanding the role of microbial processes in material and energy fluxes of river-floodplain systems and other inland waters, and the ecological relevance of bacterial and viral diversity in freshwater habitats. Further, understanding the origin, quality and bioreactivity of dissolved organic matter (DOM), and of suspended particulate matter and its role as microhabitats for bacteria and viruses. We strongly emphasize the necessity of integrating virus ecology into large river ecology.

Zusammenfassung

Im Rahmen dieser Studie wurde die Abhängigkeit der Viren-Abundanz von der Bakterien-Abundanz sowie dem Chlorophyll *a*-Gehalt an fünf Standorten in den Donau-Auen südöstlich von Wien untersucht. Darüber hinaus wurde die Abundanz der Viren und der Bakterien im Zusammenhang mit limnologischen bzw. abiotischen Parametern betrachtet. Die Probenahmen wurden je nach Jahreszeit im Abstand von ein bis drei Wochen durchgeführt. Die Untersuchungsperiode dehnte sich über die Zeiträume von Mai bis Dezember 2012 und von April bis Juni 2013 aus und umfasste damit die beiden Hochwasserereignisse im Juni der jeweiligen Jahre.

Die Ergebnisse zeigen, dass die Dynamik der Viren mit jener der heterotrophen Bakterien im Untersuchungsgebiet eine enge Korrelation aufweist. Im Gegensatz dazu konnte für die Beziehung zwischen den Viren und dem Chlorophyll *a*-Gehalt lediglich ein schwacher Zusammenhang festgestellt werden. Daraus lässt sich ableiten, dass die heterotrophen Bakterien die wesentlichen Wirte für die Viren darstellen, wohingegen Primärproduzenten diesbezüglich lediglich eine stark untergeordnete Rolle im Untersuchungsgebiet der Donau-Auen einnehmen. Weiters konnte gezeigt werden, dass die Viren- und Bakterien-Abundanz positiv mit der Leitfähigkeit korrelieren. Dabei stellt die Leitfähigkeit ein Maß für den Grad der hydrologischen Anbindung der Augewässer dar. Daher ließen sich hohe Werte der Viren- und Bakterien-Abundanz in den Donau-Auen mit einem niedrigen Grad der oberflächlichen Anbindung in Beziehung setzen. Für den anorganischen Schwebstoffgehalt konnte eine negative Korrelation zur Viren-Abundanz festgestellt werden, welche, ähnlich wie für die Leitfähigkeit, den Grad der hydrologischen Anbindung zum Ausdruck bringt. Außerdem konnte gezeigt werden, dass die

Viren- bzw. die Bakterien-Abundanz in diesem Flussau-System negativ mit der Wassertemperatur korrelieren. Dies beschreibt hier im Wesentlichen einen jahreszeitlichen Effekt.

Insgesamt konnte demnach in dieser Arbeit festgestellt werden, dass die hier untersuchten abiotischen Parameter hauptsächlich einen indirekten Einfluss auf die Viren-Abundanz aufweisen. Der Zusammenhang zwischen der Viren-Abundanz und den abiotischen Faktoren beruhte auf der engen Kopplung zwischen den Viren und ihren Wirten, wobei die Entwicklung der Wirte meist von den Stanortbedingungen geprägt ist.

Abstract

The aim of this study was to investigate the interrelation between the viral abundance and the bacterial abundance as well as the chlorophyll *a* content in a river-floodplain system. In addition, viral and bacterial abundances were analysed in relation to abiotic or limnological parameters. The study area was located in the Danube River floodplain southeast of Vienna (Austria) and included five sampling sites. The sampling was carried out in different intervals from weekly up to every three weeks depending on the season. The study period was from May to December in 2012 and from April to June in 2013 and covered the floods in June in both studied years.

The results show that viruses and bacteria exhibited a strong positive correlation in the investigated river-floodplain system. In contrast, the relation between viral abundance and chlorophyll *a* content revealed only a weak correlation. This suggests that heterotrophic bacteria played the major role as hosts when compared to the minor importance of primary producers in the Danube River floodplain. Further it was shown that viral and bacterial abundance were positively correlated with conductivity. This abiotic parameter represents a measure of the hydrological connectivity of the various floodplain sites. Therefore, high values of viral and bacterial abundance in the Danube River floodplain could be attributed to a low degree of surface water connection. The relation between inorganic suspended solids and viral abundance resulted in a negative correlation. Similar to conductivity, this relation reflected the differences in the hydrological conditions of the floodplain sites. In addition, a negative correlation of viral and bacterial abundance with water temperature was found in the studied river-floodplain system. This finding mainly characterizes a seasonal effect.

It can be concluded that the impact of abiotic parameters on viruses could mainly be described as indirect effects in this floodplain study. The relation between viral abundance and abiotic parameters was based on the strong coupling between viruses and their hosts, which in turn were dependent on environmental factors.

Danksagung

Ich möchte mich bei Prof. Dr. Peter Peduzzi für die Überlassung des Themas und die fachliche Betreuung ganz herzlich bedanken. Neben der sehr hilfreichen Diskussion zu den Ergebnissen vonseiten Prof. Dr. Peter Peduzzi ist es mir auch ein Anliegen, mich für detaillierte Hinweise und vielfältige Kommentare zur Interpretation der Daten bei Mag. Anna Sieczko, Mag. Magdalena Mayr, Katalin Demeter, MSc und Mag. Karin Meisterl zu bedanken. Außerdem danke ich Mag. Anna Sieczko, Mag. Magdalena Mayr, Katalin Demeter, MSc, Mag. Karin Meisterl und Mag. Horst Zornig für Hilfe bei den Probenahmen und im Labor. Insbesondere möchte ich mich bei Mag. Magdalena Mayr und Mag. Karin Meisterl für die Messung des Chlorophyll *a*-Gehalts und die Bereitstellung dieser Daten bedanken. Ebenfalls möchte ich Hubert Kraill meinen Dank als Ansprechpartner zu technischen Details im Labor aussprechen. Weiters bedanke ich mich bei DI Peter Kickinger von der ViaDonau und Anna Winternitz von der Gruppe Wasser MA 45 für Auskünfte zu den Pegelnullpunkten.

Irene Teubner

Inhaltsverzeichnis

1 Einleitung

Aquatische Lebensräume liefern als Teil unseres Klimasystems einen wichtigen Beitrag zu globalen Stoffkreisläufen. Vor dem Hintergrund der Diskussion um eine Klimaänderung spielt beispielsweise die Betrachtung des Kohlenstoffkreislaufes eine wichtige Rolle, da dieser vielfach anthropogen beeinflusst wird. Ein Aspekt des Kohlenstoffkreislaufes ist, dass Binnengewässer durch mikrobielle Aktivität je nach Überwiegen von Respiration oder Photosynthese eine Quelle oder Senke für das treibhauswirksame Kohlenstoffdioxid darstellen. Heterotrophe Prokaryoten tragen einerseits zum Abbau von hochmolekularen Substanzen und andererseits durch Respiration zur CO_2 Remineralisierung bei. Dem gegenüber stehen Primärproduzenten, die im Zuge der Photosynthese CO_2 in organischem Material binden. In beiden Fällen wird eine Biomasse aufgebaut, welche in weiterer Folge höheren trophischen Niveaus zur Verfügung steht (Lampert und Sommer 1993). Dahingegen wirken Viren durch die Lyse ihrer Wirtszellen diesem Biomasseaufbau entgegen. Die Interaktion zwischen Viren und heterotrophen sowie autotrophen Mikroorganismen bildet somit einen wesentlichen Bestandteil von aquatischen Ökosystemen. Im Rahmen der hier vorliegenden Untersuchung sollen die Wechselbeziehungen zwischen den Viren und zwei ihrer potentiellen Wirte, nämlich den heterotrophen Bakterien sowie den Primärproduzenten, untersucht werden (Erklärung der biotischen Größen siehe Methode). Weiters werden diese drei Größen im Kontext der Standortbedingungen, die durch abiotische Parameter charakterisiert werden, betrachtet, wobei die Viren im Mittelpunkt der Analyse stehen.

Eine zentrale Hypothese in dieser Arbeit lautet, dass die Viren-Abundanz hauptsächlich von der Abundanz der heterotrophen Bakterien abhängt. Aus diesem Grund sollen nachfolgend kurz wichtige

Eigenschaften diese beiden Gruppen näher beschrieben werden. Heterotrophe Bakterien stellen einen Teil der Basis der Detritus-Nahrungskette dar und tragen zum Abbau von hochmolekularen Verbindungen bei. Gelöste organische Verbindungen (DOM), die außerhalb (allochthon) oder innerhalb (autochthon) des Gewässer gebildet wurden (siehe beispielsweise Lampert und Sommer 1993), werden durch den Aufbau einer bakteriellen Biomasse in partikuläres organisches Material (POM) umgewandelt. Das POM kann von Organismen höherer trophischer Ebenen genutzt werden. Dieses Konzept wird nach Azam et al. (1983) als mikrobielle Schleife bezeichnet. Heterotrophe Bakterien können lediglich niedermolekulare Substanzen aufnehmen. Größere Verbindungen müssen zuvor mit Hilfe von Enzymen aufgebrochen werden, welche sich an der Oberfläche der Bakterien befinden oder in das umgebende Wasser abgegeben werden (Cypionka 2010). Die Produktion und Abgabe von extrazellulären Enzymen findet nach Bedarf, also bei Vorhandensein von Substrat sowie günstigen Umweltbedingungen, statt, da dieser Prozess für die Bakterien mit Energieaufwand verbunden ist (Findlay und Sinsabaugh 2003). Während heterotrophe Bakterien durch ihren Aufbau an Biomasse Nährstoffe für höhere trophische Ebenen verfügbar machen, kann der Einfluss von Viren dem entgegen wirken. Dies wird nach Wilhelm und Suttle (1999) auch als „viral shunt" bezeichnet. Eine wesentliche Eigenschaft von Viren ist, dass sie als nicht lebend angesehen werden, da sie außerhalb ihrer Wirtsorganismen keinen eigenen Stoffwechsel besitzen (Weinbauer 2004). Auch weisen Viren keine aktive Fortbewegung auf. Wirte der Viren können aus allen drei Domänen des Lebens (Archäen, Bakterien, Eukaryoten) stammen (Wommack und Colwell 2000), wobei Viren als relativ wirtspezifisch gelten. Durch ihre Wirtsspezifität beeinflussen Viren neben der Abundanz auch die Artenzusammensetzung der mikrobiellen Gemeinschaft (Wommack und Colwell 2000, Weinbauer 2004, Peduzzi und Luef 2009). Viren lassen sich in einer Vielzahl von Lebensräumen finden. Neben den aquatischen Ökosystemen sind sie auch in den Böden sowie in der Atmosphäre vorhanden (Weinbauer 2004). Bezüglich der aquatischen Ökosysteme reichen die Lebensräume von den Hydrothermalquellen in der Tiefsee über die tropischen Gewässer bis hin zu den polaren und alpinen Seen (Wommack und Colwell 2000, Peduzzi und Luef 2009, Yoshida-Takashima et al. 2011). Abgesehen von der weiten Verbreitung von Viren weisen sie eine morphologische Vielfalt und eine hohe Diversität auf (Wommack und Colwell 2000). Der Lebenszyklus von Viren, wie beispielsweise in Weinbauer (2004) oder Abedon (2008) beschrieben, lässt sich in vier verschiedene Typen einteilen: den lytischen, lysogenen und pseudolysogenen Zyklus sowie die chronische Infektion. Allen Zyklen geht die Infektion durch die Viren voraus, die nach Winter et al. (2004) bevorzugt während der Nacht stattfindet. Bei dem lytischen Lebenszyklus werden die Wirte unmittelbar nach der Infektion zur Produktion von Virenpartikeln angeregt. Durch das anschließende Auflösen der Zellwand werden die Viren freigesetzt und der Zyklus beginnt von vorne. Die Zeitdauer von der Infektion bis zum Freisetzen der neu entstandenen Virenpartikel wird als Latenzzeit bezeichnet. Beim lysogenen Zyklus integriert sich das Virus nach erfolgreicher Injektion in das Genom des Wirtes. In diesem Zustand wird das Virus als Prophage bezeichnet. Die infizierten Wirte können sich weiterhin vermehren. Bei bestimmten Umweltbedingungen oder durch bestimmte chemische Stoffe kommt es zur Induktion, wodurch der Prophage herausgeschnitten und somit der lytische Zyklus eingeleitet wird. Der pseudolysogene Zyklus unterscheidet sich vom lytischen und lysogenen Zyklus dahingehend, dass das Virengenom weder als Prophage in das Wirtsgenom integriert noch die Produktion von neuen Virenpartikeln eingeleitet wird. Dieser Zustand kann sich zu einem späteren Zeitpunkt insofern ändern, als dass es einerseits zur Heilung der Wirtszelle oder anderseits zum Umschlagen in den lytischen Zyklus kommen kann. Bei der chronischen Infektion werden fortwährend Virenpartikel produziert und freigesetzt, was jedoch nicht zum Tod der infizierten Zelle führt.

Das Auftreten von Viren wurde, wie bereits oben erwähnt, in unterschiedlichen Ökosystemen untersucht. Während Viren in stehenden Gewässern wie Seen oder im Ozean recht vielfältig bearbeitet wurden, kommen Angaben zur Rolle von Viren in fließenden Gewässern seltener vor (siehe beispielsweise Peduzzi und Luef 2008,

Jacquet et al. 2010). Flussauen stellen einen besonderen Lebensraum dar, sind jedoch vielfach durch Regulierungsmaßnahmen bedroht (Tockner und Stanford 2002). Auch die Donau-Auen wurden durch wasserbauliche Maßnahmen tiefgreifend verändert. Im Zuge eines Restaurierungsprojekts wurden vor einigen Jahren Teile der hydrologisch isolierten Donau-Auen, wie die Regelsbrunner Au, wieder an den Hauptstrom angebunden (Schiemer et al. 1999).

Allgemein zeichnen sich Flussauen durch eine eigene Dynamik, die sich aus dem häufigen Wechsel der hydrologischen Bedingungen ergibt, aus. Abhängig vom Wasserstand des Hauptstromes sind die Augewässer einerseits durch einen fließenden und andererseits durch einen stehenden Charakter geprägt. Dieser Wechsel spielt für die mikrobielle Gemeinschaft in Bezug auf die Zufuhr von Nährstoffen, die sich in Menge und Qualität unterscheiden können, eine Rolle (Peduzzi et al. 2008). Hochwasserereignisse, durch die eine große Menge an Schwebstoffen in die Augebiete transportiert wird, stellen ein prägendes Element in Flussauen dar. Für die Donau sind solche Ereignisse gewöhnlich für den Zeitraum der Monate April bis Juni zu beobachten (Tockner und Stanford 2002). Abgesehen von den Flutereignissen unterscheiden sich Fließgewässer und stehende Gewässer vor allem in der Herkunft von gelösten Substanzen. Während in strömenden Gewässern der allochthone Eintrag dominiert, stellen in stehenden Gewässern aufgrund der günstigeren Wachstumsbedingungen für Primärproduzenten die autochthonen Nährstoffe einen höheren Anteil dar (Hein et al. 2003, Preiner et al. 2008). Aufgrund der in Flussau-Systemen auftretenden hohen Dynamik ist davon auszugehen, dass die Augewässer andere Eigenschaften als der Hauptstrom aufweisen. Daher besteht eine weitere hier bearbeitete Fragestellung darin, in wie weit sich die Au-Standorte vom Hauptstrom der Donau hinsichtlich abiotischer, limnologischer Parameter unterscheiden. Darüber hinaus wird der Frage nachgegangen, ob sich Unterschiede in der Viren-Abundanz mit einer verschiedenen Ausprägung von abiotischen Parametern an den jeweiligen Standorten in Beziehung setzen lassen.

2 Methode

2.1 Standorte

Die fünf untersuchten Standorte, deren Lage in den Donau-Auen in Abbildung 2.1 veranschaulicht ist, untergliedern sich in vier Au-Stationen und eine Referenzstation am Hauptstrom der Donau. Die vier Au-Stationen teilen sich wiederum auf zwei verschiedene Gebiete in den Donau-Auen, die Lobau und die Regelsbrunner Au, auf. In der Lobau befinden sich drei der Stationen, welche sich in der Art der Anbindung unterscheiden. Zum einen wird die Lobau durch einen Altarm am südöstlichen Ende in Fließrichtung der Donau durchströmt. In diesem Abschnitt, unmittelbar nach dem Zufluss in das Augebiet, ist die Probenahmestelle Mannsdorfer Hagel (MH) gelegen. Dieser Standort wird durch seine sowohl geographische als auch hydrologische Nähe zum Hauptstrom gekennzeichnet. Zum anderen werden die zwei weiteren, flussaufwärts von MH gelegenen Stationen durch einen schmalen Augewässerabschnitt, genannt Schönauer Schlitz, unterhalb der Station MH mit dem durchströmten Altarm verbunden. Der Schönauer Schlitz stellt gleichzeitig den Zu- als auch Abfluss dar. Die zwei Probenahmestellen befinden sich einerseits am Kühwörther Wasser (KW) oberhalb der Gänshaufentraverse im mittleren Abschnitt der Lobau und andererseits am Eberschüttwasser (EW), welche sich im nordwestlichen Teil dieses Augebiets befindet. Die vierte Au-Station liegt in der Regelsbrunner Au. Die Probenahmestelle bei Regelsbrunn (RB) befindet sich oberhalb der Mündung dieses Augebiets in die Donau. Ähnlich wie die Station MH wird RB in Fließrichtung durchströmt und zeichnet sich durch eine hohe räumliche Nähe zur Donau aus.

Im Vergleich der vier Au-Stationen lässt sich für RB und MH eine häufige oberflächliche Anbindung mit der Donau beobachten. Dahingegen weisen KW und EW lediglich selten eine Verbindung zum Hauptstrom auf. Aufgrund des zumeist stehenden Charakters von KW und EW zeichnen sich diese Stationen durch einen Bewuchs von submersen Hydrophyten und Schwimmblattpflanzen aus, wobei letztere verstärkt an der Station EW auftreten (siehe Fotos zu den Stationen im Anhang).

Die zu Beginn erwähnte Referenzstation am Hauptstrom der Donau (DA) befindet sich stromabwärts der vier Au-Stationen bei Wildungsmauer.

2.2 Viren- und Bakterien-Abundanz

Die Abundanz der Viren (VA) und Bakterien (BA) wurde mittels Epifluoreszenzmikroskopie für unfiltrierte Proben bestimmt. Bei diesem direkten Zählverfahren werden Bakterien und Virenpartikel mit Hilfe eines fluoreszierenden Farbstoffes, der sich an Nukleinsäuren anlagert, gefärbt und unter einem Lichtmikroskop sichtbar gemacht. Dies ist beispielhaft in Abbildung 2.2 für eine Probe aus dem Kühwörther Wasser dargestellt. Dabei werden unter dem Lichtmikroskop nicht die Virenpartikel selbst sondern ihre Fluoreszenzsignale betrachtet (Fuhrman und Hewson 2010). Weiters ist zu beachten, dass die in dieser Arbeit kurz als Viren-Abundanz bezeichnete Größe die Abundanz von virenähnlichen Partikeln (VLP) darstellt. Der Grund für die Verwendung dieses Begriffes liegt darin, dass mit der Epifluoreszenzmikroskopie ein geringer Anteil der gezählten Viren auch nicht-virulente Partikel darstellen können (Bettarel et al. 2000). Außerdem bezeichnet der in dieser Arbeit verwendete Begriff der heterotrophen Bakterien hier heterotrophe prokaryotische Zellen. Damit umfasst die hier verwendete Größe der Bakterien-Abundanz heterotrophe Bakterien und Archäen. An der Gewässeroberfläche stellen die Archäen allerdings nur einen geringen Anteil am Bakterioplankton dar. Dieser Anteil kann für das Süßwasser bis zu 15%

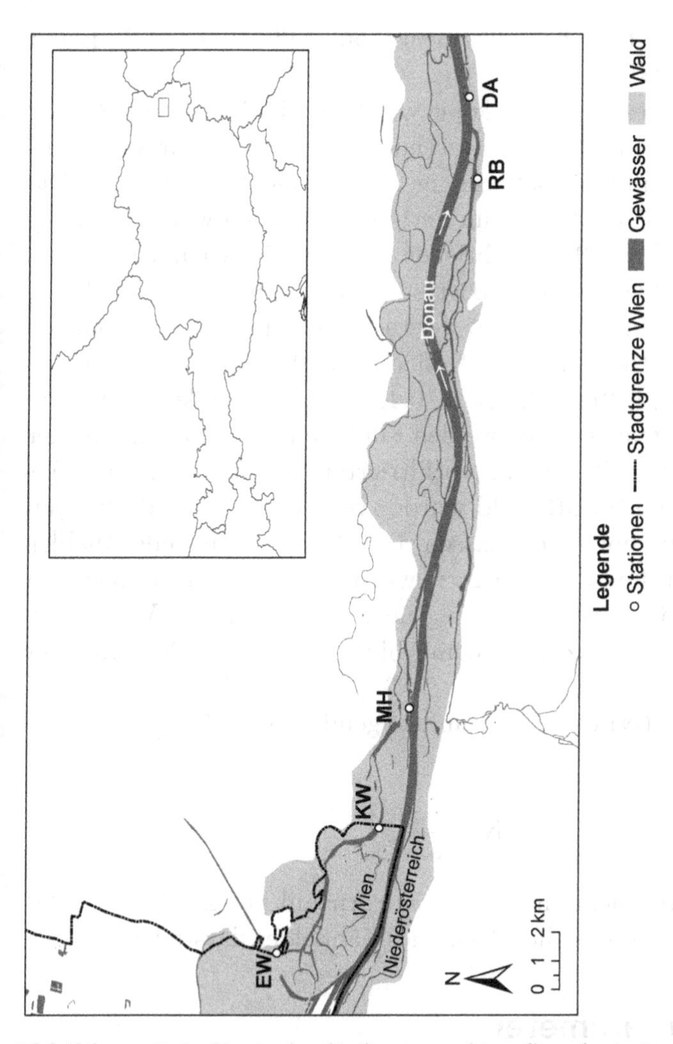

Abbildung 2.1: Karte der fünf untersuchten Standorte in den Donau-Auen. Eingefügte Karte zeigt die Lage des Untersuchungsgebiets in Österreich. Abkürzungen für die Stationen siehe Text im Kapitel Standorte. Quelle: Staatsgrenzen von ArcGIS Online, Stadtgrenze und Gewässer in Wien von „Offene Daten Österreichs"[1], Gewässer in Niederösterreich sowie Waldflächen digitalisiert mit Hilfe von ArcGIS Basemap Imagery.

[1] http://www.data.gv.at/ (07.10.2013)

betragen (Galand et al. 2006, Garneau et al. 2006, Pradeep Ram und Sime-Ngando 2008).

Für die Epifluoreszenzmikroskopie wurde der Farbstoff SYBR Gold (Invitrogen Molecular Probes) verwendet, welcher sich zur Visualisierung von einzel- und doppelsträngiger DNA und RNA eignet[2]. Die Verwendung von SYBR Gold zum Färben der Proben wurde beispielsweise in Chen et al. (2001) beschrieben. Für die Filtration der Proben, welche zuvor mit Formaldehyd fixierten wurden, fanden Anodisc Filter (Whatman, 0.02 µm Porengröße) Verwendung. Um eine gleichmäßige Verteilung der Partikel auf der Filterfläche zu erhalten, wird zum einen ein Nitrocellulose Filter (Millipore, 0.45 µm Porengröße) als Trägerfilter verwendet. Zum anderen werden Filtrationsvolumen, die weniger als 1 ml betragen, mit 0.02 µm vorfiltriertem MilliQ auf 1 ml aufgefüllt. Der Farbstoff SYBR Gold wurde zwischen 15 und 30 Minuten lang im Dunkeln einwirken gelassen. Um das anschließende Ausbleichen des Farbstoffes zu verzögern wurde als Einbettungsmedium Citifluor verwendet. Bei der nachfolgenden Ermittlung der Viren- bzw. der Bakterien-Abundanz unter dem Mikroskop wurden 20 Zählfelder ausgewertet.

Die Abundanz (N) ergibt sich mit folgender Formel:

$$\mathrm{N} = \frac{\mathrm{S} \cdot \mathrm{n}}{\mathrm{s} \cdot \mathrm{V}}$$

wobei S die Filterfläche, n die mittlere Anzahl pro Zählfeld, V das filtrierte Volumen und s die Fläche des Zählfeldes darstellen.

2.3 Umweltparameter

Neben der Viren- und Bakterien-Abundanz wurden Parameter zur Beschreibung der Standorte erhoben. Größen wie Leitfähigkeit (Cond), Sauerstoffgehalt (Oxy), Wassertemperatur (Temp) und pH-Wert (pH)

[2] http://tools.lifetechnologies.com/content/sfs/manuals/mp11494.pdf (03.11.2013)

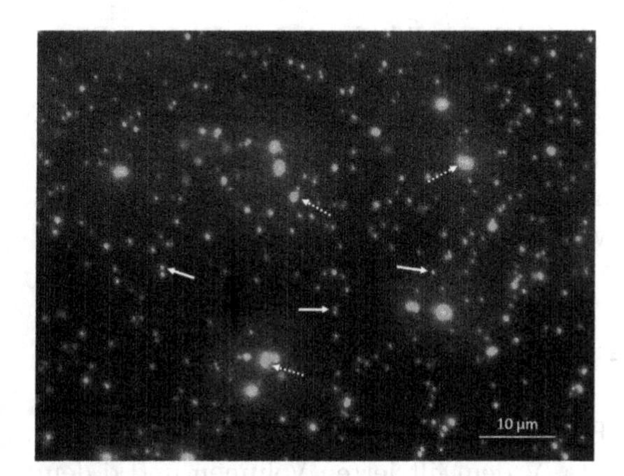

Abbildung 2.2: Foto einer mit SYBR Gold gefärbten Probe von der Station Kühwörther Wasser (KW) vom 23.05.2013. Die durchgezogenen Pfeile markieren beispielhaft die Fluoreszenzsignale von Viren, gepunktete Pfeile repräsentieren heterotrophe Bakterien.

wurden während der Probenahme mit tragbaren Messgeräten von WTW gemessen. Dabei wird der Sauerstoffgehalt mittels einer membranbedeckten galvanischen Sonde bestimmt. Im Labor erfolgte die Ermittlung des organischen (Org) und anorganischen Schwebstoffgehalts (Inorg) sowie des Chlorophyll *a*-Gehalts (Chl *a*).

Zur Bestimmung der beiden Schwebstoffanteile werden gemuffelte Glasfaserfilter (Whatman, 0.7 µm Porenweite) verwendet. Nach dem Trocknen der Filter bei 55°C und anschließendem Muffeln bei 450°C lassen sich Trockengewicht (TG) und Aschegewicht (AG) bestimmen. Gemeinsam mit dem Leergewicht (LG) der Filter und dem Filtrationsvolumen (V) werden die zwei Schwebstoffanteile wie folgt ermittelt:

$$\mathrm{Org} = \frac{\mathrm{TG} - \mathrm{AG}}{\mathrm{V}} \qquad \mathrm{Inorg} = \frac{\mathrm{AG} - \mathrm{LG}}{\mathrm{V}}$$

Die Filtration zur Ermittlung des Chlorophyll *a*-Gehalts, welcher als Maß für die Algenbiomasse dient, erfolgt ebenfalls über Glasfaserfilter

(Whatman, 0.7 µm Porenweite). Die anschließend eingefrorenen Filter werden in einem weiteren Schritt mit 90%igem Aceton extrahiert, homogenisiert und über Nacht im Kühlschrank gelagert. Nach anschließender Zentrifugation lassen sich für den Überstand die Absorptionen bei 663 nm und bei 750 nm mit einem Spektrophotometer ermitteln. Der Chlorophyll *a*-Gehalt wird mit der Formel nach Talling bestimmt:

$$\mathrm{Chl}\,a = \frac{11.40 \cdot (\mathrm{E}_{663} - \mathrm{E}_{750}) \cdot \mathrm{v}}{\mathrm{V} \cdot \mathrm{d}}$$

mit E_{663} und E_{750} der Extinktionen bei 663 nm bzw. 750 nm, v dem Volumen des Extrakts, V dem filtrierten Volumen und d dem Durchmesser der Messküvette des Spektrophotometers.

2.4 Statistische Auswertung

Die Daten wurden zunächst mittels des nicht-parametrischen Shapiro-Wilk-Tests auf Normalverteilung überprüft. Die Parameter organischer und anorganischer Schwebstoffanteil, Leitfähigkeit, Viren- und Bakterien-Abundanz sowie das Verhältnis von Viren zu Bakterien wurden daraufhin log-transformiert, um sie in eine Normalverteilung zu überführen. Bis auf den organischen Schwebstoffgehalt sind die Größen für die Datenreihen der einzelnen Stationen normalverteilt. Für die gesamten Datensätze ergibt sich außer für die Leitfähigkeit und die Viren-Abundanz ebenfalls eine Normalverteilung. Aufgrund der nicht für alle Größen vorliegenden Normalverteilung werden mit Ausnahme der linearen Regression für die statistische Auswertung lediglich nicht-parametrische Verfahren angewandt.

Zur Erkennung von Ausreißern wurde die Methode der Bewertung der medianen absoluten Abweichung (MAD) verwendet (siehe Sachs 1992). Dabei werden jene Daten als Ausreißer betrachtet, die sich außerhalb des Bereiches Median$\pm$4.44$\times$MAD befinden. Dies würde bei einer Normalverteilung dem Bereich Mittelwert $\pm$ 3 $\times$ Standardabweichung entsprechen. Nicht plausibel erscheinende Werte, die als Ausreißer identifiziert wurden, wurden durch lineare Interpolation ersetzt. Ebenso wurden fehlende Werte aufgefüllt. Davon ausgenommen sind jene Fehlwerte, die sich bei den Stationen MH und KW aufgrund der fehlenden Erreichbarkeit während des 100-jährlichen Hochwassers ergeben haben. Da es sich hierbei um ein Extremereignis handelt, ist es nicht zweckmäßig, diese Werte durch Interpolation zu ersetzen. Weiters beginnt die Zeitreihe an der Station DA einen Termin später als die übrigen Stationen. Die Daten am ersten Probenahmetermin wurden hier ebenfalls nicht aufgefüllt.

Um Unterschiede im Median zwischen den Zeitreihen der einzelnen Stationen zu ermitteln, wurden Kruskal-Wallis-Tests durchgeführt. Anschließend wurden bei signifikantem Ergebnis paarweise Mann-Whitney-U-Tests berechnet und die p-Werte mittels Bonferroni-Korrektur durch Division durch die Anzahl der zu testenden Gruppen angepasst.

Weiters wurde die Korrelation zwischen den Zeitreihen der Stationen und der Referenz-Station DA berechnet, welche als räumliche Kohärenz bezeichnet wird (Livingstone et al. 2009).

Die Berechnung der statistischen Tests erfolgte in R. Zur multivariaten Beschreibung der Standortcharakteristiken wurde eine nichtmetrische multidimensionale Skalierung (NMS) verwendet. Diese wurde in PC-ORD 6 mittels Autopilot-Funktion durchgeführt. Zuvor wurde die Datenmatrix mit folgender Vorschrift normalisiert:

$$x_{norm} = \frac{x - x_{min}}{x_{max} - x_{min}}$$

3 Ergebnisse und Interpretation

3.1 Hydrologie

Ein Parameter, der die Dynamik in einem Flussau-System entscheidend mitbestimmt, ist der Wasserstand. Abhängig von der Wasserführung des Hauptstromes sind die Augebiete oberflächlich angebunden oder isoliert. Damit trägt der Pegel der Donau wesentlich zum Charakter der Aulandschaft bei und bestimmt ob es sich um ein fließendes oder ein stehendes Gewässer handelt.

Abbildung 3.1 zeigt den zeitlichen Verlauf des Wasserstandes für die drei Stationen DA, RB und KW, an denen Pegellatten vorhanden sind. Um die Wasserspiegelschwankungen vergleichbar darstellen zu können, wurde der Wasserstand als Abweichung vom medianen Wasserstand der jeweiligen Station angegeben (siehe Tabelle 3.1). Ebenfalls eingezeichnet sind die Grenzwerte des Wasserstandes an der Station DA, ab denen eine oberflächliche Anbindung der Au-Stationen an den Hauptstrom erfolgt (Grenzwerte vom Bundesamt für Wasserwirtschaft).

Die Zeitreihe des Wasserstandes zeigt, dass die stärksten Wasserspiegelschwankungen für den Monat Juni zu verzeichnen sind. Besonders deutlich fällt die hohe Wasserstandsänderung gegen Ende des Untersuchungszeitraumes im Juni 2013 auf. Hierbei handelt es sich um ein 100-jährliches Hochwasser.

Der Vergleich des Wasserstandes der drei Stationen lässt erkennen, dass die Pegel in den beiden Au-Gebieten die Änderungen des Wasserstandes in der Donau weitestgehend widerspiegeln. Eine Ausnahme davon bildet die Niederwasserphase gegen Ende des Jahres 2012, in der deutlich wird, dass die Au-Standorte größtenteils vom Hauptstrom entkoppelt sind. Dies drückt sich in der gegenüber der Donau geringeren Abnahme des Wasserstandes an den beiden Au-Stationen

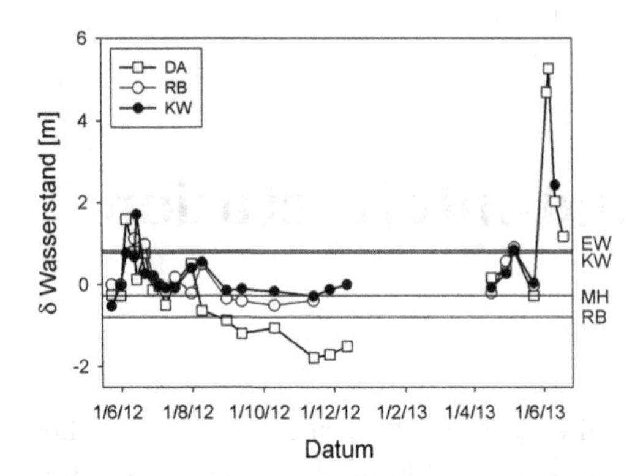

Abbildung 3.1: Zeitlicher Verlauf der Abweichung vom stationsspezifischen Median des Wasserstandes (siehe Tabelle 3.1) an den untersuchten Stationen DA, RB und KW. Die Daten für die Probenahmen am 4.6.13 und 6.6.13 für die Station DA konnten aufgrund des Hochwassers nicht erhoben werden und wurden durch Wasserstandsdaten auf der Homepage des Landes Niederösterreich ergänzt[1]. Weiters sind die vom Pegel der Station DA abhängigen, stationsspezifischen Grenzwerte (horizontale Linien) aller vier Au-Stationen eingezeichnet, ab dem sich eine oberflächliche Verbindung zwischen der Donau und der jeweiligen Station etabliert (Grenzwerte vom Bundesamt für Wasserwirtschaft).

aus. Gewisse Schwankungen im Wasserspiegel trotz der fehlenden oberflächlichen Anbindung können zum Beispiel durch die Verbindung zum Grundwasser zustande kommen.

Weiters zeigt sich anhand der eingezeichneten Grenzwerte des Wasserstandes, dass die beiden weit von der Donau entfernten Stationen KW und EW viel seltener oberflächlich mit dem Hauptstrom in Verbindung stehen als die Stationen RB und MH, welche frequentiert mit Wasser aus der Donau durchflossen werden.

Die Grenzwerte der Anbindung werden weiters zur Einteilung in „angebunden“ und „isoliert“ in der hier vorliegenden Untersuchung

[1]http://www.noel.gv.at/Umwelt/Wasser/Wasserstandsnachrichten.html (03.11.2013)

Tabelle 3.1: Median des Wasserstandes für jene Stationen, an denen Pegellatten vorhanden sind. Abkürzungen für die Stationen DA, RB und KW siehe Methode.

	DA	RB	KW
Median des Wasserstandes [m ü.A.]	141.91	143.20	147.89

verwendet. Diese Einteilung stellt eine Näherung der tatsächlichen Verhältnisse dar, da damit lediglich die Anbindung der Oberflächengewässer beschrieben wird. Weiters ist zu beachten, dass diese Einteilung keine Aussage über das Ausmaß der Anbindung zulässt, d.h. ob eine starke oder geringe Abweichung von dem Grenzwert der Anbindung auftritt.

3.2 Charakteristik der untersuchten Standorte im Augebiet der Donau

Die Beschreibung der fünf untersuchten Standorte erfolgt zunächst anhand der Zeitreihen der einzelnen Parameter. Anschließend werden statistische Verfahren angewandt, um die Zusammenhänge zwischen den Parametern sowie den Stationen näher zu betrachten.

Die nachfolgenden Abbildungen sind so aufgebaut, dass sie einerseits den zeitlichen Verlauf der untersuchten Größen und andererseits die Werte über die Untersuchungsperiode als Boxplots darstellen.

3.2.1 Leitfähigkeit

Abbildung 3.2a zeigt den zeitlichen Verlauf der Leitfähigkeit für die fünf Standorte. Die Werte schwanken für den gesamten Untersuchungszeitraum zwischen 280 und 664 µS cm^{-1}. Im ersten Untersuchungszeitraum von Mai bis Dezember 2012 lässt sich für alle Stationen insgesamt eine Zunahme der Leitfähigkeit über das Jahr hinweg beobachten, wobei die Stationen KW und EW größeren Fluktuationen unterworfen sind als die übrigen drei Stationen. Dieser Anstieg der Leitfähigkeit geht mit einer Abnahme der Wasserführung in der Donau einher. Weiters zeichnen sich die häufig angebundenen Stationen RB und MH durch eine hohe Übereinstimmung mit dem zeitlichen Verlauf der Leitfähigkeit an der Station DA aus. Der Zeitraum von Mai bis Juni 2013 ist durch zwei markante Abnahmen der Leitfähigkeit gekennzeichnet. Wiederum zeigt sich, dass eine zeitliche Übereinstimmung mit den hohen Wasserständen im Mai und während des Juni-Hochwassers zu beobachten ist. Daraus lässt sich ein umgekehrt proportionaler Zusammenhang zwischen dem Wasserstand in der Donau und der Leitfähigkeit ablesen. Dies könnte unter anderem durch eine Vermischung des Oberflächenwassers mit dem Grundwasser zustande kommen. Der niedrigste Wert der Leitfähigkeit wird für die Station DA während des Juni-Hochwassers erreicht, was die obige Aussage unterstützt. Gleichzeitig weisen die Stationen durch das Ausmaß dieser Flut für diesen Probenahmetermin die geringsten Differenzen zwischen den Stationen auf. Nach dem Hochwasserereignis kehren die Stationen rasch zu ihrer Ausgangslage zurück, was besonders anhand der Daten von EW erkennbar ist.

Die Unterschiede in der Leitfähigkeit zwischen den Stationen zeigen sich bereits in der Darstellung als Zeitreihe (Abbildung 3.2a), werden jedoch in der Boxplotdarstellung (Abbildung 3.2b) noch deutlicher. Es zeigt sich, dass signifikante Unterschiede im Median der Leitfähigkeit zwischen den untersuchten Standorten bestehen (Kruskal-Wallis-Test, $H=78.84$, $d.f.=4$, $p<0.001$). Die beiden oberflächlich häufig isolierten Stationen EW und KW werden durch hohe Konzentrationen an Ionen charakterisiert. Der Median der Leitfähigkeit dieser beiden Stationen unterscheidet sich signifikant von den übrigen drei Stationen. Dieses Ergebnis lässt sich zum einen wiederum auf einen stärkeren Einfluss des Grundwassers an den beiden selten angebundenen Stationen zurückführen. Zum anderen tragen organische Ionen, die durch mikrobielle Aktivität entstehen, ebenfalls zu einer Erhöhung der Leitfähigkeit bei. Trotz des signifikant gleichen Medians unterscheiden sich die beiden Stationen KW und EW deutlich in ihrer Charakteristik, was anhand des zum Teil nicht zueinander synchronen Verlaufs der Leitfähigkeit sichtbar wird. Bei einem Vergleich der Mediane für die

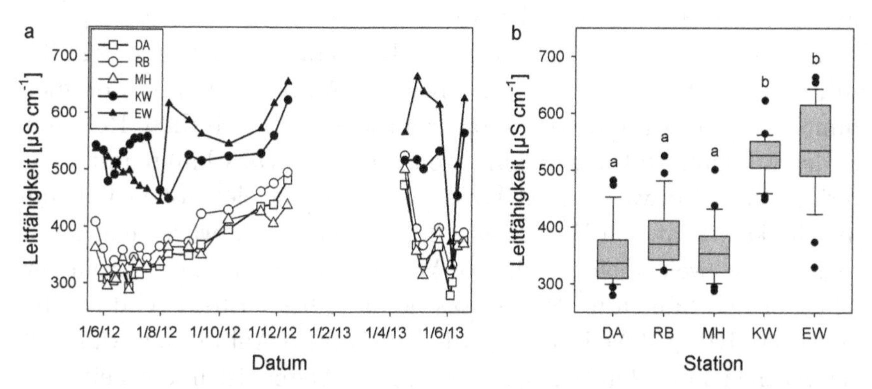

Abbildung 3.2: a) Zeitlicher Verlauf der Leitfähigkeit an den fünf untersuchten Standorten. b) Boxplot der Leitfähigkeit je Station. Die Whisker der Boxplots markieren das 10%- bzw. 90%-Quantil. Kleinbuchstaben über den Boxplots bezeichnen die Gruppen mit signifikant gleichem Median, welche sich aus den paarweisen Mann-Whitney-U-Tests ergeben, sofern der Kruskal-Wallis-Test zuvor ein signifikantes Ergebnis geliefert hat.

dynamisch angebundenen Stationen RB und MH lässt sich erkennen, dass der Wert der Leitfähigkeit für die Station RB höher ausfällt als für die Station MH. Dies könnte einerseits damit zusammenhängen, dass sich RB nicht wie MH unmittelbar flussabwärts des Zuflusses in das Augebiet sondern kurz vor der Mündung in die Donau befindet. Damit könnte die Leitfähigkeit an der Station RB durch biologische Prozesse im Augebiet beeinflusst worden sein. Andererseits ist zu beachten, dass die geographische Nähe zur Donau für die Station MH höher ausfällt als für RB. Insgesamt lässt sich feststellen, dass alle Au-Stationen einen höheren Median der Leitfähigkeit aufweisen als die Referenzstation DA.

3.2.2 Wassertemperatur

In Abbildung 3.3a ist der zeitliche Verlauf der Wassertemperatur dargestellt. Die Werte liegen zwischen 0.2 und 29.9°C. Neben dem Jahresgang der Wassertemperatur lässt sich erkennen, dass die Unterschiede zwischen den Stationen in der warmen Jahreszeit stärker ausgeprägt sind als in den Monaten mit niedrigen Temperaturen. Gleichzeitig fällt auf, dass der Hauptstrom gegenüber den Au-Stationen im Sommer zumeist eine niedrigere Temperatur aufweist und sich diese Relation in der kühleren Jahreszeit zum Teil umdreht. Dies hängt mit dem geringeren, zu erwärmenden Wasservolumen und der hohen Wärmespeicherkapazität von Wasser zusammen. Dadurch erwärmen sich die Augewässer, welche eine geringere Wassertiefe aufweisen, im Sommer schneller und kühlen im Winter rascher ab. Dieser Effekt wird für die Stationen RB und MH aufgrund ihrer häufigen Anbindung während der warmen Jahreshälfte stark vermindert. Weiters ist in der Zeitreihe der Wassertemperatur der Übergang von der warmen zur kühlen Jahreszeit deutlich beobachtbar. Mit dem Probenahmetermin vom 10.10.2012 zeichnet sich eine markante Verringerung der Temperaturunterschiede zwischen den Stationen ab während die Wassertemperatur abnimmt.

Für die gesamte Zeitreihe ergeben sich signifikante Unterschiede im Median (Kruskal-Wallis-Test, $H=13.77$, $d.f.=4$, $p<0.01$). Wie aus den Boxplots in Abbildung 3.3b hervorgeht, lassen sich jedoch keine signifikant verschiedenen Gruppen von Stationen abgrenzen, wenngleich die beiden Stationen KW und EW einen höheren Median als die übrigen drei Stationen aufweisen. Durch die Betrachtung der gesamten Zeitreihe lassen sich die zeitweise deutlich auftretenden Unterschiede zwischen den Standorten nicht mehr auflösen.

3.2.3 pH-Wert

Einen weiteren Parameter stellt der pH-Wert dar, dessen zeitlicher Verlauf in Abbildung 3.4a gezeigt ist. Der pH-Wert weist über den Untersuchungszeitraum eine für alle Stationen gleichartige Fluktuation auf. Die Standorte zeichnen sich mit Werten zwischen 7.14 und 8.96 durch einen pH-Wert im basischen Bereich aus. Schwankungen im pH-Wert können maßgeblich durch eine Zu- bzw. Abfuhr von gelöstem CO_2 im Zuge von Respiration bzw. Primärproduktion entstehen. Bei der Betrachtung der Zeitreihe fällt außerdem auf, dass der pH-Wert in der

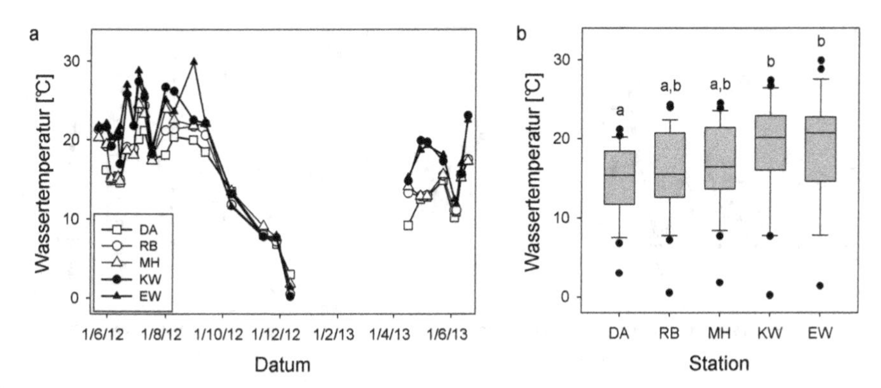

Abbildung 3.3: Wie Abbildung 3.2 aber für die Wassertemperatur.

kühlen Jahreszeit während der Phase mit niedrigem Wasserstand einer stärkeren Schwankung unterworfen ist als in den übrigen Monaten. Mögliche Gründe dafür stellen die Temperaturabhängigkeit des pH-Werts und die Pufferkapazität der Gewässer dar.

Bei der Betrachtung der gesamten Zeitreihe lassen sich für den Median des pH-Werts signifikante Unterschiede zwischen den Stationen ermitteln (Kruskal-Wallis-Test, $H=29.10$, d.f.$=4$, $p<0.001$). Wie aus den Boxplots (Abbildung 3.4b) hervorgeht, bilden die beiden selten angebundenen Stationen KW und EW eine Gruppe mit signifikant gleichem Median des pH-Werts. Im Vergleich mit den Stationen DA, RB und MH weisen sie niedrigere Mediane auf. Allerdings lassen sich KW und EW aufgrund einer Überschneidung der Gruppen an der Station KW nicht eindeutig von den übrigen drei Standorten abgrenzen.

3.2.4 Sauerstoffgehalt

Ein weiterer Parameter, welcher eng mit der Primärproduktion bzw. Respiration in Zusammenhang steht, ist der Sauerstoffgehalt. In Abbildung 3.5a ist der jahreszeitliche Verlauf des Sauerstoffgehalts dargestellt. Der Wertebereich liegt zwischen 3.61 und 17.30 mg l^{-1}.

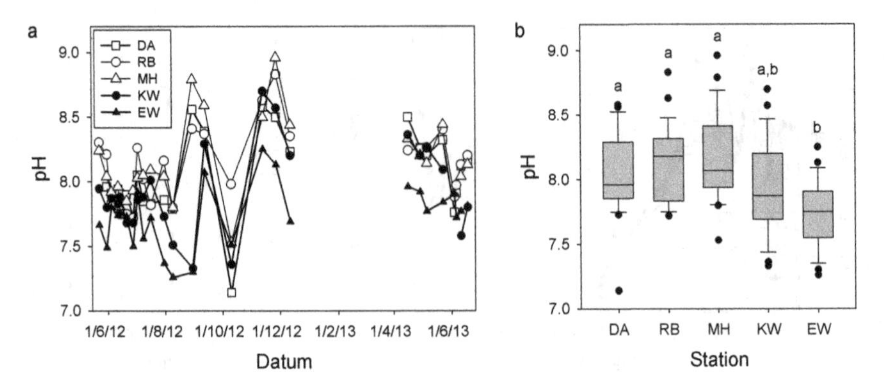

Abbildung 3.4: Wie Abbildung 3.2 aber für den pH-Wert.

Es zeigt sich, dass mit Ausnahme der Station EW die Au-Standorte im Wesentlichen dem Verlauf der Sauerstoffkonzentration der Station DA folgen. Dabei zeichnen sich für die Standorte in den Au-Gebieten vor allem in der warmen Jahreszeit stärkere O_2-Fluktuationen ab als im Hauptstrom. Weiters fällt auf, dass die Sauerstoffkonzentration gegen Ende des ersten Untersuchungszeitraums markant zunimmt. Dies lässt sich zum Teil dadurch erklären, dass die Löslichkeit von Gasen im Wasser temperaturabhängig ist. Im kalten Wasser kann eine größere Menge an Gasen gelöst werden als im warmen Wasser.

Für die Betrachtung der gesamten Zeitreihe des Sauerstoffgehalts ergeben sich für den Median signifikante Unterschiede zwischen den Stationen (Kruskal-Wallis-Test, H=67.80, d.f.=4, $p<0.001$). Anhand der Boxplots in Abbildung 3.5b lässt sich erkennen, dass die Stationen DA, RB und MH wie für andere Parameter zuvor eine Gruppe bilden. Diese Stationen zeichnen sich gegenüber den Stationen KW und EW durch einen signifikant höheren Median der Sauerstoffkonzentration aus. Im Gegensatz zu den bisher betrachteten Parametern unterscheiden sich in diesem Fall die Stationen KW und EW voneinander. Für EW lässt sich im Vergleich mit KW ein signifikant niedrigerer Median des Sauerstoffgehalts feststellen.

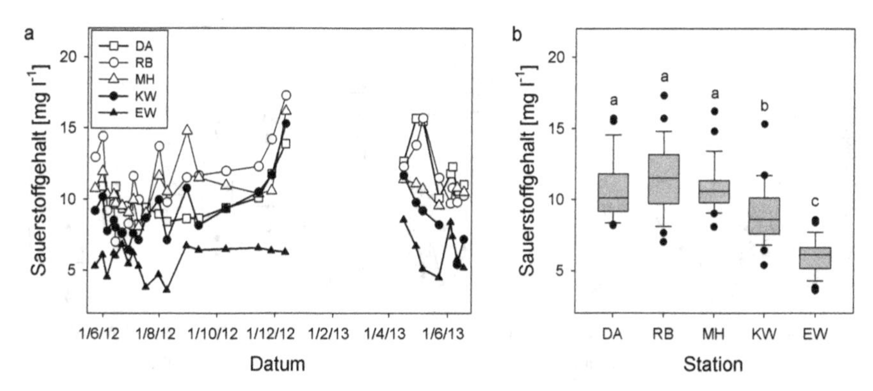

Abbildung 3.5: Wie Abbildung 3.2 aber für den Sauerstoffgehalt.

3.2.5 Sauerstoffsättigung

Wie zuvor bereits erwähnt hängt die Löslichkeit des Sauerstoffes von der Wassertemperatur ab. Daher wird neben den absoluten Werten der Konzentration des gelösten Sauerstoffes auch die Sauerstoffsättigung betrachtet. Diese gibt Aufschluss darüber, ob das Gewässer eine Quelle oder Senke für O_2 darstellt. Für die Sauerstoffsättigung (Abbildung 3.6) zeigt sich sowohl für die Zeitreihe als auch für die Boxplots ein ähnliches Ergebnis wie für die absoluten Werte des im Wasser gelösten O_2. Die Werte schwanken hier zwischen 38.2 und 169.0%. Auch für die Sauerstoffsättigung ergeben sich signifikant verschiedene Mediane (Kruskal-Wallis-Test, H=68.93, d.f.=4, $p<0.001$). Die Station EW wird wiederum durch den niedrigsten Median charakterisiert, welcher sich signifikant von den übrigen Stationen unterscheidet. Einziger Unterschied zu den zuvor gezeigten Boxplot des Sauerstoffgehalts stellt eine Überlappung der signifikant verschiedenen Gruppen dar, wonach DA sowohl mit RB und MH als auch mit KW keine signifikante Unterschiede im Median aufweist. Dadurch lässt sich die Station KW nicht mehr eindeutig abgrenzen. Weiters fällt auf, dass die Station EW nicht nur die niedrigsten Werte der Sauerstoffsättigung aufweist, sondern auch stets untersättigt ist. Dies deutet auf ein

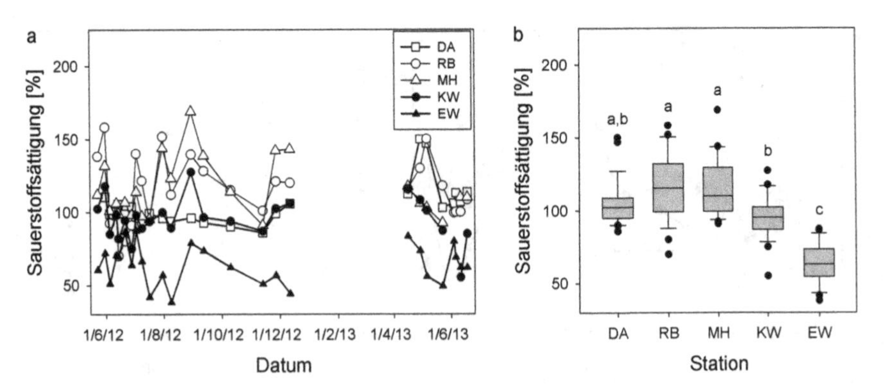

Abbildung 3.6: Wie Abbildung 3.2 aber für die Sauerstoffsättigung.

Überwiegen von Abbauprozessen hin. Dahingegen sind die Standorte RB und MH im Median durch eine Übersättigung gekennzeichnet, was wiederum auf ein Überwiegen der Primärproduktion in diesen Gewässern hinweist. Die Standorte DA und KW lassen sich durch einen Median nahe 100% charakterisieren. Im Fall der Station DA kann dieses Ergebnis zum Teil mit einer guten Durchmischung in Fließgewässern erklärt werden. Anders verhält es sich für KW, da es sich bei dieser Station zumeist um ein stehendes Gewässer handelt. In diesem Fall weist ein Median nahe 100% darauf hin, dass der Einfluss von Primärproduktion und Respiration annähernd gleich hoch ausfällt.

3.2.6 Anorganischer und organischer Schwebstoffgehalt

Neben den bisherigen Parametern stellt der Schwebstoffgehalt (Abbildung 3.7), welcher sich in organischen und anorganischen Anteil untergliedert, eine weitere wesentliche Größe zur Charakterisierung der Standorte dar. Der Gesamtschwebstoffgehalt weist neben dem saisonalen Verlauf auch deutliche Unterschiede zwischen den Stationen auf, welche im Weiteren anhand der beiden Anteile des Schwebstoffgehalts besprochen werden. Für den anorganischen Anteil des Sestons konnten Werte zwischen 0.01 und 1158.14 mg l^{-1} ermittelt werden.

Für diesen Parameter lassen sich für die Station DA vor allem im Frühling bis Frühsommer hohe Konzentrationen an suspendierten Partikeln feststellen. Dahingegen wird die kühle Jahreszeit durch geringe anorganische Schwebstoffgehalte charakterisiert. Besonders deutlich sticht die überaus hohe Konzentration an anorganischen Schwebstoffen während des Juni-Hochwassers 2013 hervor, welche für alle während der Flut erreichbaren Stationen sichtbar wird. Wenngleich die Stationen MH und KW zum Zeitpunkt der Scheitelwelle nicht beprobt werden konnten, lässt sich der Einfluss des Hochwassers anhand der erhöhten Konzentration an anorganischen Schwebstoffen an den darauffolgenden Probenahmeterminen erkennen. Die Maxima des anorganischen Sestons stimmen mit den Zeitpunkten des hohen Wasserstands überein. Dies hängt im Wesentlichen mit der Strömungsgeschwindigkeit in der Donau zusammen, welche die Suspendierung von partikulärem Material bedingt. Die beiden oberflächlich häufig angebundenen Au-Standorte RB und MH weisen eine zu DA ähnliche zeitliche Abfolge der Konzentration von anorganischen Partikeln auf. Dahingegen werden die beiden entfernten Stationen KW und EW durch einen von DA zumeist unterschiedlichen Verlauf des anorganischen Schwebstoffgehalts charakterisiert. Während die beiden Standorte im Frühjahr nur in einem vergleichsweise geringen Ausmaß von dem Partikeleintrag aus der Donau beeinflusst werden, zeigt sich im Herbst ein weiteres Maximum, welches in den beiden anderen Au-Stationen RB und MH nicht erkennbar ist. Eine mögliche Ursache stellt die Resuspendierung von Sediment durch den Wind dar (Herbstzirkulation).

Bei der Betrachtung der gesamten Zeitreihen lassen sich für den anorganischen Schwebstoffgehalt signifikante Unterschiede im Median feststellen (Kruskal-Wallis-Test, $H=72.60$, $d.f.=4$, $p<0.001$). In den Boxplots (Abbildung 3.8a) zeigt sich, dass die Stationen DA, RB und MH im Vergleich mit den beiden selten angebundenen Stationen KW und EW signifikant höhere Mediane aufweisen. Die Stationen RB und MH unterscheiden sich von KW und EW nicht nur durch ihre höhere Anzahl an Tagen mit einer oberflächlichen Verbindung mit der Donau sondern auch in der Art der Anbindung. Wie bereits in der Methode zu den Standorten beschrieben ist, werden die beiden häufig angebundenen Stationen RB und MH in Fließrichtung durchströmt, wodurch sich für die Tage mit Anbindung die Ähnlichkeit zum Verlauf an der Station DA erklären lässt. Im Gegensatz dazu werden die Stationen KW und EW sowohl durch eine häufige Isolation vom Hauptgewässer als auch durch einen einzigen Zu- bzw. Ablauf charakterisiert. Aus diesem Grund kommt selbst bei etablierter Oberflächenanbindung keine Durchströmung der Auabschnitte zustande. Dadurch ergibt sich eine Verzögerung des Maximums des anorganischen Schwebstoffgehalts wie in der Zeitreihe für die Station EW im Falle des Juni-Hochwassers 2013 erkennbar ist.

Der organische Anteil der Schwebstoffe fällt im Vergleich mit den bisher beschriebenen anorganischen Schwebstoffen generell niedriger aus (Abbildung 3.7) und weist Werte zwischen 1.08 und 65.29 mg l^{-1} auf. Ähnlich wie für das anorganische Seston zeichnen sich für die Stationen KW und EW auch für den organischen Schwebstoffanteil im Herbst vergleichsweise hohe Werte ab. Dies lässt sich an den übrigen beiden Au-Stationen nicht erkennen. Mögliche Ursachen für die hohen Werte des organischen Anteils des Sestons stellen der Laubfall und das jahreszeitlich bedingte Absterben von Pflanzenteilen der Makrophyten dar.

Im Vergleich der Stationen können für den organischen Schwebstoffgehalt signifikante Unterschiede für den Median beobachtet werden (Kruskal-Wallis-Test, $H=42.20$, d.f.$=4$, $p<0.001$). Die in Abbildung 3.8b dargestellten Boxplots zeigen damit ein ähnliches Ergebnis wie für den anorganischen Anteil. Die beiden Stationen KW und EW weisen auch hier einen signifikant niedrigeren Median als die übrigen drei Stationen auf. Im Unterschied zu dem anorganischen Schwebstoffgehalt liegen die Mediane der einzelnen Stationen jedoch in der gleichen Größenordnung.

Bei einem Vergleich der beiden Schwebstoffgehalte ergibt sich, dass die Stationen DA, RB und MH aufgrund ihres Fließverhaltens durch einen vergleichsweise viel höheren Anteil an anorganischem Seston charakterisiert sind. Während sich die Mediane von organischem und anorganischem Anteil an diesen drei Stationen um eine Größenordnung

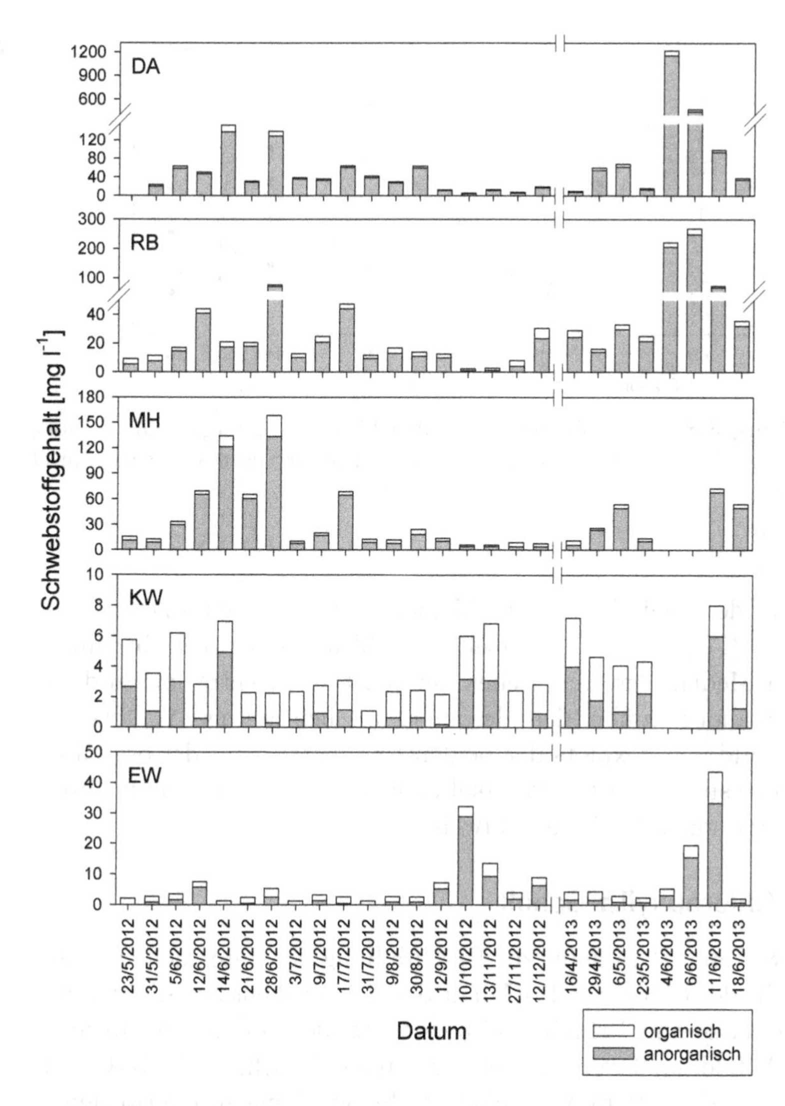

Abbildung 3.7: Gesamtschwebstoffgehalt, untergliedert in anorganischen und organischen Anteil, zu den Probenahmeterminen an den fünf untersuchten Standorten. Abkürzungen zu den Standorten siehe Methode.

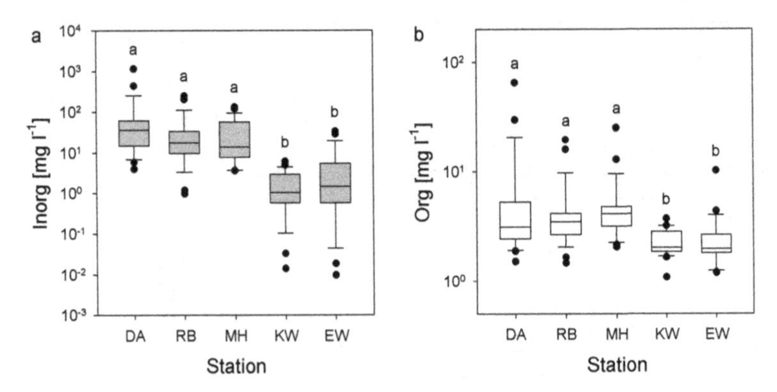

Abbildung 3.8: Wie Abbildung 3.2b aber für den a) anorganischen (Inorg) und b) organischen Schwebstoffgehalt (Org). Die Ordinate ist logarithmisch dargestellt.

unterscheiden, befinden sich die Mediane der beiden Parameter für die Stationen KW und EW in derselben Größenordnung. Darüber hinaus liegt der Median der organischen Schwebstoffkonzentration an diesen beiden Standorten über dem des anorganischen Sestons. Weiters zeigt sich anhand der Boxplots der beiden Parameter, dass der organische Anteil der suspendierten Partikel eine geringere Schwankungsbreite als der anorganische Anteil aufweist.

3.2.7 Chlorophyll *a*-Gehalt

Einen weiteren Parameter zur Beschreibung der untersuchten Standorte stellt der Chlorophyll *a*-Gehalt dar. Dieser dient zur Abschätzung der Biomasse von Primärproduzenten an den jeweiligen Stationen. Die in Abbildung 3.9a dargestellte Zeitreihe des Chlorophyll *a*-Gehalts zeigt, dass dieser Parameter häufigen Schwankungen unterworfen ist. Für den gesamten Datensatz ergeben sich Werte zwischen 0.22 und 47.05 µg l^{-1}. Mit dem Übergang zur Phase mit niedrigem Wasserstand lässt sich ein deutlicher Unterschied zwischen DA und den Au-Stationen erkennen. Dadurch, dass die Au-Stationen bei fehlender

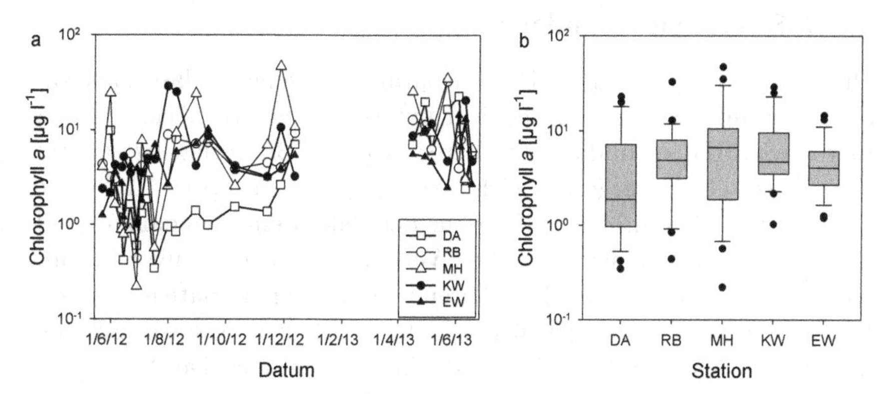

Abbildung 3.9: Wie Abbildung 3.2 aber für den Chlorophyll *a*-Gehalt. Die Ordinate ist logarithmisch dargestellt.

oberflächlicher Anbindung ein stehendes Gewässer darstellen, welches die Entwicklung von Algen fördert, ergeben sich in diesem Zeitraum höhere Chlorophyll *a*-Konzentrationen als an der Station DA. Darüber hinaus fällt auf, dass sich gegen Ende des ersten Untersuchungszeitraumes bei bereits niedrigen Wassertemperaturen vergleichsweise hohe Werte des Chlorophyll *a*-Gehalts ergeben. Diese Entwicklung spiegelt sich auch in den abiotischen Parametern wie dem Sauerstoffgehalt oder dem pH-Wert wider.

Bei der Betrachtung der gesamten Datenreihen des Chlorophyll *a*-Gehalts (Abbildung 3.9b) konnten keine signifikanten Unterschiede im Median ermittelt werden (Kruskal-Wallis-Test, $H=6.93$, d.f.$=4$, $p=0.140$). Auch wenn der Hauptstrom zum Teil markant niedrigere Werte aufweist als die Au-Standorte, gleichen sich die Unterschiede im Chlorophyll *a*-Gehalt über den betrachteten Zeitraum weitestgehend aus. Im Vergleich der vier Au-Stationen lässt sich feststellen, dass der Median des Chlorophyll *a*-Gehalts für die Station MH am höchsten und für EW am niedrigsten ausfällt.

3.2.8 Bakterien-Abundanz

Die bisher besprochenen Umweltparameter zeigen, dass sich die Stationen in verschiedener Hinsicht unterscheiden. Als nächster Parameter wird die Abundanz der heterotrophen Bakterien betrachtet. Für diese Größe ergeben sich Werte zwischen 0.18×10^6 und 10.75×10^6 Zellen ml^{-1}. Die Zeitreihe der Bakterien-Abundanz (Abbildung 3.10a) zeigt einen ähnlichen Verlauf wie für den zuvor besprochenen Chlorophyll *a*-Gehalt. Während die warmen Monate mit hohem Wasserstand durch zumeist nicht synchron ablaufende, starke Schwankungen geprägt sind, lässt sich für die Monate mit niedriger Wasserführung eine Aufspaltung in der Bakterien-Abundanz zwischen DA und den vier Au-Standorten beobachten. Wiederum weist der Hauptstrom in diesem Zeitraum geringere Werte als die Stationen im Augebiet auf. Dieses Ergebnis lässt sich wie zuvor auf die günstigen Wachstumsbedingungen in stehenden Gewässern zurückführen.

Die Auswertung der gesamten Datenreihen ergibt, dass signifikante Unterschiede im Median bestehen (Kruskal-Wallis-Test, $H=25.76$, $d.f.=4$, $p<0.001$). Anhand der Boxplots in Abbildung 3.10b lässt sich feststellen, dass sich die Stationen DA, RB, MH und KW trotz der teilweise niedrigen Werte an der Station DA im Median ähnlich sind. Von diesen Stationen unterscheidet sich EW durch einen signifikant höheren Median der Bakterien-Abundanz. Dies passt in gewisser Weise zu den bisher gefundenen Ergebnissen. Für den Chlorophyll *a*-Gehalt konnte aber bei der Betrachtung der vier Au-Stationen für EW der niedrigste Median festgestellt werden. Die vergleichsweise höhere Abundanz von Bakterien steht hier im Einklang mit den niedrigen Sauerstoffkonzentrationen, welche wie oben bereits besprochen auf ein Überwiegen der Respiration hingewiesen haben. Ebenfalls damit in Zusammenhang stehen die niedrigeren pH-Werte an dieser Station.

3.2.9 Viren-Abundanz

Die Zeitreihe der Viren-Abundanz ist in Abbildung 3.11a dargestellt. Über alle Stationen gesehen, ergeben sich für diesen Parameter Werte

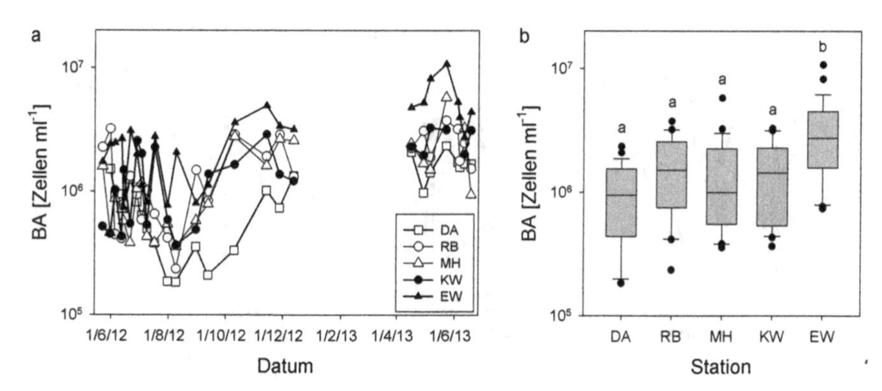

Abbildung 3.10: Wie Abbildung 3.2 aber für die Bakterien-Abundanz (BA). Die Ordinate ist logarithmisch dargestellt.

zwischen 0.11×10^7 und 27.35×10^7 VLP ml^{-1}. Es lässt sich ein ähnlicher Verlauf wie für die Abundanz der heterotrophen Bakterien erkennen. Dies weist darauf hin, dass sich das Virioplankton zum Großteil aus Bakteriophagen zusammensetzt. Wie zuvor zeichnen sich für die Monate Juni bis September stärkere Schwankungen der Abundanz zwischen den Untersuchungsterminen ab als in den restlichen Monaten. Gegen Ende des ersten Untersuchungszeitraums nimmt die Viren-Abundanz synchron mit der Bakterien-Abundanz nach niedrigen Werten wieder markant zu. Eine zuvor deutliche Separation der Station DA von den übrigen Au-Stationen während der Phase mit niedriger Wasserführung, wie sie für die Parameter Chlorophyll *a*-Gehalt und die Bakterien-Abundanz sichtbar war, lässt sich in diesem Fall nicht erkennen. Stattdessen weisen die Stationen KW und EW einen zu den übrigen drei Stationen teilweise zeitversetzten Verlauf auf. Besonders deutlich wird dies für den Übergang zur Phase mit niedriger Wasserführung im Hauptstrom.

Im Vergleich der Stationen konnten wiederum signifikante Unterschiede im Median festgestellt werden (Kruskal-Wallis-Test, $H=55.06$, $d.f.=4$, $p<0.001$). Anhand der Boxplots in Abbildung 3.11b zeigt sich, dass die Station EW durch den höchsten Median der Viren-Abundanz

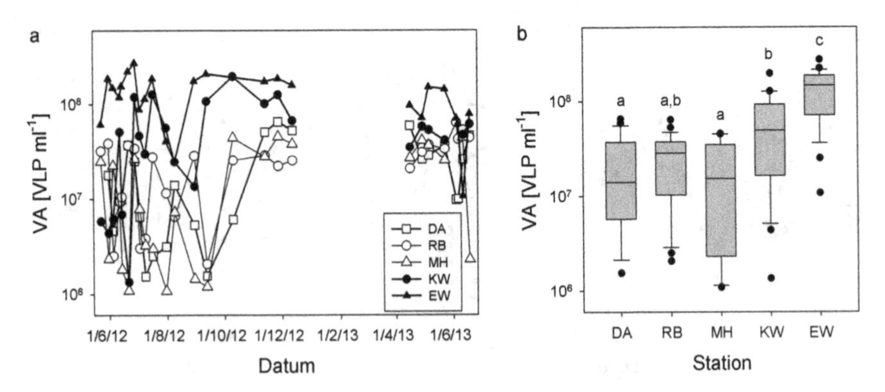

Abbildung 3.11: Wie Abbildung 3.2 aber für die Abundanz der Viren (VA). Die Ordinate ist logarithmisch dargestellt.

charakterisiert wird, welcher sich signifikant von den anderen Stationen unterscheidet. Die Station KW, welche ebenfalls einen höheren Median als die übrigen Stationen aufweist, lässt sich aufgrund einer Überschneidung mit der Station RB nicht signifikant von der Gruppe, bestehend aus DA, RB und MH, unterscheiden.

3.2.10 Verhältnis von Viren zu Bakterien

Unter der Annahme, dass die untersuchten Viren hauptsächlich der Gruppe der Bakteriophagen zuzuordnen sind, lässt sich auch das Verhältnis von Viren zu Bakterien (VBR) betrachten. Diese Größe gibt Aufschluss darüber, wie produktiv ein Gewässer bezüglich der Proliferation von Viren ist. In Abbildung 3.12a ist die Zeitreihe dieses Verhältnisses dargestellt. Die Werte liegen zwischen 1.5 und 219.4. Es zeigt sich, dass das Verhältnis von Viren zu Bakterien in den Monaten Juni bis Oktober durch stärkere Schwankungen geprägt ist als in den übrigen Monaten. Die auftretenden Fluktuationen bieten einen Hinweis auf eine nichtlineare Dynamik zwischen den Viren und den Bakterien.

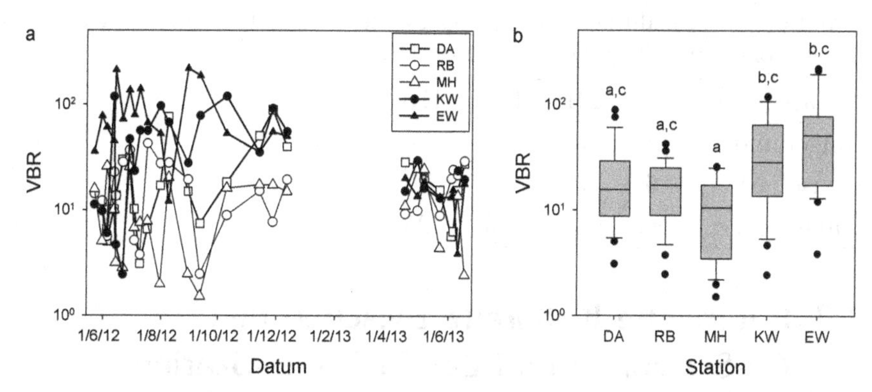

Abbildung 3.12: Wie Abbildung 3.2 aber für das Verhältnis von Viren zu Bakterien (VBR). Die Ordinate ist logarithmisch dargestellt.

Bei der Betrachtung der gesamten Datenreihen lassen sich signifikante Unterschiede im Median ermitteln (Kruskal-Wallis-Test, $H=30.03$, d.f.$=4$, $p<0.001$). Mit den zugehörigen Boxplots in Abbildung 3.12b lässt sich feststellen, dass aufgrund von starken Überschneidungen sich keine eindeutig abgrenzbaren Gruppen ergeben. Dennoch lässt sich erkennen, dass die Stationen KW und EW höhere Werte für den Median aufweisen als die Stationen DA, RB und MH. Dies zeigt, dass im Vergleich der Standorte die beiden selten angebunden Stationen bezogen auf die Bakterien eine höhere Viren-Abundanz aufweisen. Ebenfalls lässt sich feststellen, dass die Station DA, welche zuvor jeweils durch den niedrigsten Median der Bakterien- und der Viren-Abundanz charakterisiert wurde, im Median ein ähnliches Verhältnis von Viren zu Bakterien aufweist wie die Au-Station RB. Dahingegen zeichnet sich der Standort MH für diesen Parameter durch den niedrigsten Median aus.

Tabelle 3.2: Anzahl der Wertepaare für die Korrelationen zwischen den Au-Stationen und der Referenz-Station DA.

Kategorie	RB	MH	KW	EW
angebunden	19	13	5	5
isoliert	6	10	18	20
alle Daten	25	23	23	25

3.3 Räumliche Kohärenz zwischen den Au-Stationen und der Referenz-Station

Anhand der Zeitreihen der untersuchten Parameter konnte bereits festgestellt werden, dass sich die Stationen aufgrund ihres verschiedenen Anbindungsgrades in den untersuchten Parametern unterscheiden. Häufig angebundene Stationen weisen während der oberflächlichen Verbindung eine hohe Übereinstimmung mit dem Hauptstrom auf. Um diese Beziehungen zwischen den einzelnen Parametern näher betrachten zu können, wird im Folgenden die räumliche Kohärenz zwischen den Zeitreihen der Au-Stationen und der Referenz-Station DA betrachtet (siehe Methode). Es lässt sich somit die Ähnlichkeit der zeitlichen Abfolge zwischen einer jeweiligen Au-Station und dem Hauptstrom für jeden der bisher betrachteten Parameter aufzeigen. Neben der Auswertung der gesamten Zeitreihen werden die Daten in „angebunden“ und „isoliert“ unterteilt (Kriterium siehe Grenzwerte in Abbildung 3.1). Durch die unterschiedlich lange Zeitdauer der Anbindung ergibt sich je Station eine verschiedene Anzahl von Wertepaaren in der jeweiligen Kategorie (siehe Tabelle 3.2).

Abbildungen 3.13 und 3.14 fassen die räumliche Kohärenz für die physiko-chemischen Parameter zusammen. Für die Leitfähigkeit in Abbildung 3.13a lässt sich erkennen, dass für die Unterteilung der Daten sich in beiden Fällen ein ähnliches Ergebnis ergibt wie für die gesamten Datenreihen. Dies verdeutlicht, dass der saisonale Verlauf der Leitfähigkeit nicht von einer oberflächlichen Anbindung an die Donau abhängt. Im Fall der Parameter pH-Wert, Sauerstoffgehalt und

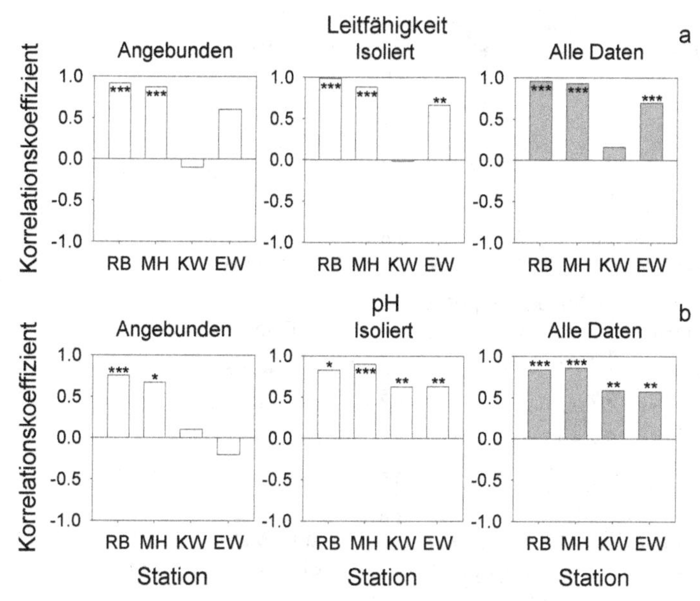

Abbildung 3.13: Spearman Rangkorrelation der Daten des jeweiligen Au-Standorts mit den Daten der Referenz-Station DA für die Parameter Leitfähigkeit (a) und pH-Wert (b). Für die Korrelationen wurde der Datensatz, neben der Auswertung der gesamten Daten (rechts), in „angebunden“ (links) und „isoliert“ (Mitte) unterteilt (für die Unterteilung der Daten nach dem Pegel der Donau siehe Abbildung 3.1). Die für die Korrelation verwendete Anzahl von Wertepaaren ist in Tabelle 3.2 je Kategorie aufgelistet. Die Stationen sind nach der Anzahl der Tage mit einer oberflächlichen Verbindung der Augewässer mit dem Hauptstrom angeordnet. Der Anbindungsgrad nimmt nach rechts hin ab. Die Sterne über den Balken stellen das statistische Signifikanzniveau der Korrelation dar (*-$p<0.05$, **-$p<0.01$, ***-$p<0.001$).

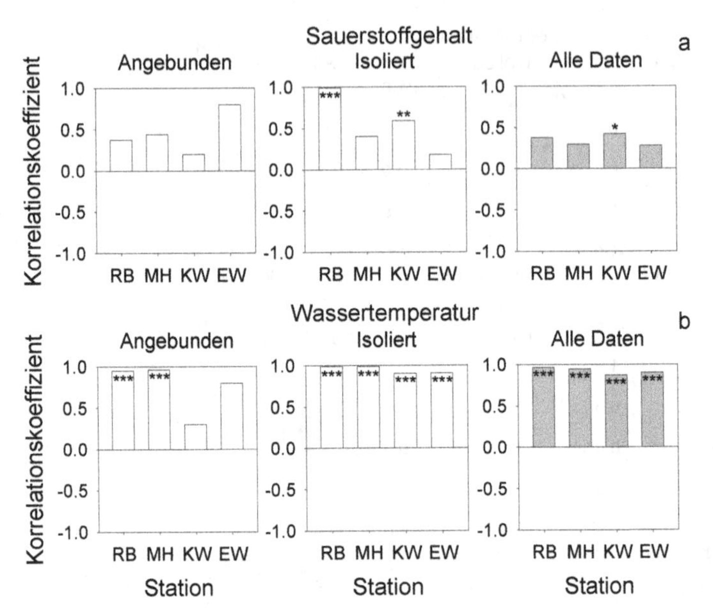

Abbildung 3.14: Wie Abbildung 3.13 aber für die Parameter Sauerstoffgehalt (a) und Wassertemperatur (b).

Wassertemperatur (Abbildungen 3.13b und 3.14) wird deutlich, dass die Korrelationen für die Kategorie „isoliert" zumeist höhere Werte ergeben als im angebundenen Fall. Dies lässt sich damit begründen, dass mit der Anbindung plötzliche Störungen im System auftreten, welche die Dynamik dieser Au-Standorte verändert. Eine ähnliche Zeitversetzung eines Maximums wurde bereits bei dem Jahresverlauf der anorganischen Schwebstoffe für die Station EW festgestellt. Bei der Betrachtung der Kategorie „alle Daten" fällt für den Sauerstoffgehalt auf, dass sich für diesen Parameter eine generell geringe räumliche Kohärenz ergibt. Dahingegen zeichnen sich die beiden Größen pH-Wert und Wassertemperatur durch eine stärkere Korrelation mit dem zeitlichen Verlauf im Hauptstrom aus. Es lässt sich hier weiters feststellen, dass die häufig angebundenen Stationen RB und MH durch höhere

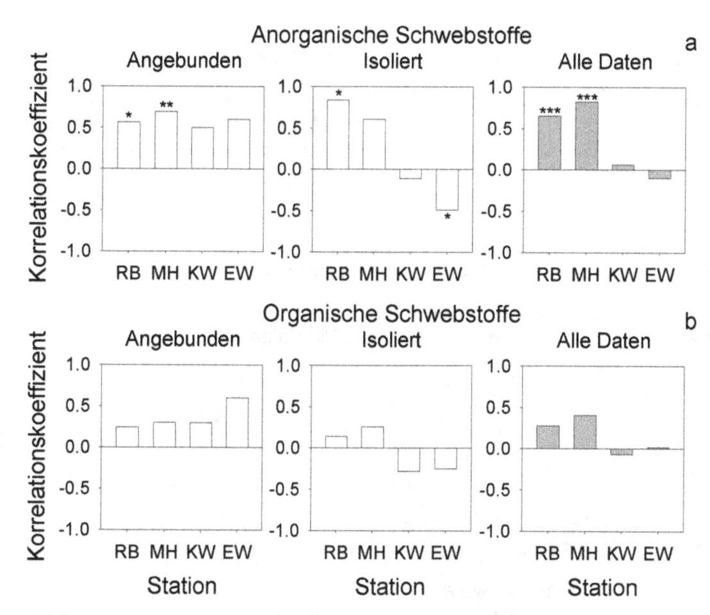

Abbildung 3.15: Wie Abbildung 3.13 aber für die Parameter anorganischer (a) und organischer Schwebstoffgehalt (b).

Korrelationskoeffizienten charakterisiert werden als die Stationen KW und EW.

In Abbildung 3.15 ist die räumliche Kohärenz für die anorganischen und organischen Schwebstoffe dargestellt. Für beide Anteile des Sestons ergibt sich ein ähnliches Ergebnis, auch wenn sich für den organischen Schwebstoffgehalt generell eine geringe Übereinstimmung mit dem zeitlichen Verlauf im Hauptstrom beobachten lässt. Im angebundenen Fall weisen alle vier Au-Standorte eine positive Korrelation mit dem Zeitverlauf an der Station DA auf. Im Gegensatz dazu zeichnen sich die isolierten Perioden durch eine für RB und MH positive und für KW und EW negative Korrelation aus. Der negative Koeffizient beschreibt einen zur Zeitreihe der Station DA entgegen gesetzten Verlauf. Bei der Betrachtung der gesamten Datenreihen fällt auf, dass sich für die Stationen KW und EW ein

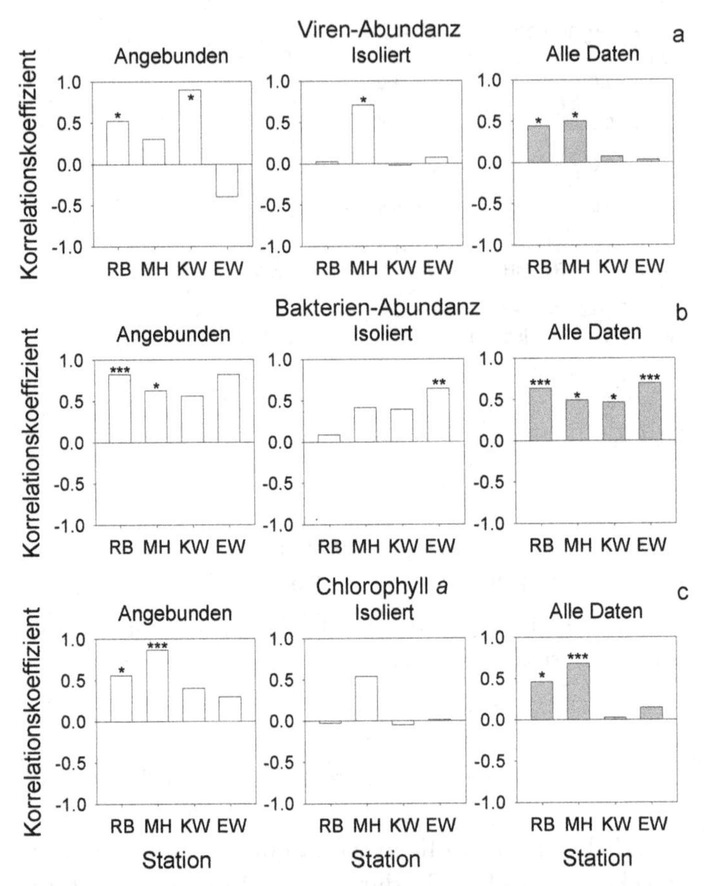

Abbildung 3.16: Wie Abbildung 3.13 aber für die Abundanz der Viren (a) und der Bakterien (b) sowie für den Chlorophyll *a*-Gehalt (c).

Korrelationskoeffizient nahe null ergibt. Somit wird deutlich, dass sich die gegensätzlichen Korrelationen für die Kategorien „angebunden" und „isoliert" in Summe aufheben und die zuvor gefundenen Effekte nicht mehr sichtbar sind.

Als nächstes wird in Abbildung 3.16 die räumliche Kohärenz für die Parameter Viren- und Bakterien-Abundanz sowie für den

Chlorophyll *a*-Gehalt betrachtet. Für die Unterteilung der Datenreihen nach der Anbindung lässt sich feststellen, dass die Korrelationskoeffizienten für den isolierten Fall niedriger ausfallen als für die Phasen mit etablierter Oberflächenverbindung. Zudem weisen im isolierten Fall die Parameter Viren-Abundanz und Chlorophyll *a*-Gehalt für drei der vier Stationen Korrelationskoeffizienten nahe null auf, was auf einen von der Donau unabhängigen zeitlichen Verlauf hinweist. Dies lässt sich dadurch erklären, dass bei fehlender Anbindung verstärkt biologische Prozesse auftreten. Im Vergleich mit den physiko-chemischen Parametern ergibt sich hier somit ein für die beiden Kategorien umgekehrtes Ergebnis. Weiters fällt auf, dass die Bakterien-Abundanz zumeist eine höhere Übereinstimmung mit dem zeitlichen Verlauf der Station DA aufweist als die anderen beiden Parameter.

3.4 Multivariate Charakteristik der Standorte

In den bisher gezeigten Ergebnissen wurden die untersuchten Größen einzeln betrachtet. Als nächstes wird eine nicht-metrische multidimensionale Skalierung (NMS) der Umweltparameter, d.h. alle Größen bis auf die Viren- und die Bakterien-Abundanz sowie den Chlorophyll *a*-Gehalt, verwendet, um die Standortbedingungen auf mehrdimensionaler Ebene zu charakterisieren. Abbildungen 3.17 und 3.18 zeigen das Ergebnis der Ordination. Dabei werden die Punkte der Ordination auf verschiedene Art markiert, um die Charakteristik der Standorte und die jahreszeitlichen Aspekte zu veranschaulichen. Zusätzlich sind in Tabelle 3.3 die zugehörigen gewichteten Punkte der Umweltparameter im Ordinationsraum angegeben, welche die Lage der Schwerpunkte für die jeweilige Größe beschreiben. Bei der Betrachtung der NMS lässt sich für die nach den Stationen aufgetrennte Grafik erkennen (Abbildung 3.17a), dass sich eine Separierung der Standorte entlang der ersten Achse ergibt. Mit Hilfe der Werte für die Umweltparameter im Ordinationsraum wird deutlich, dass die Parameter organischer und anorganischer Schwebstoffgehalt sowie die Leitfähigkeit hauptsächlich zu den Unterschieden der Standortbedingung zwischen

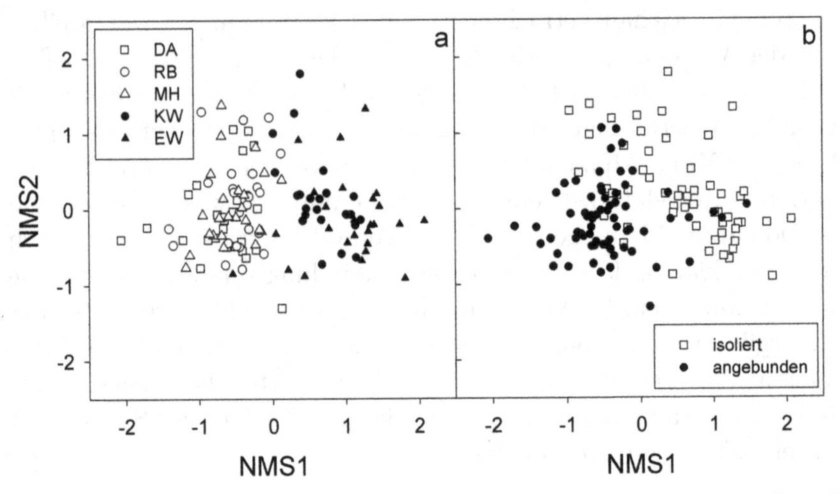

Abbildung 3.17: Nicht-metrische multidimensionale Skalierung (NMS) der Umweltparameter. Die Punkte der Ordination sind nach verschiedenen Aspekten markiert: a) nach den Stationen und b) nach der Anbindung. Der Stress-Wert beträgt 0.1276. Die korrespondierenden gewichteten Punkte der Umweltparameter im Ordinationsraum sind in Tabelle 3.3 aufgelistet. Beschreibung der Abkürzungen für die Stationen siehe Methode.

Tabelle 3.3: Gewichtete Punkte der Umweltparameter für die NMS in den Abbildungen 3.17 und 3.18. Abkürzungen der Größen siehe Methode.

Variable	NMS1	NMS2
Org	-0.431	-0.062
Inorg	-0.471	-0.098
Cond	0.443	0.153
pH	-0.148	0.145
Oxy	-0.265	0.133
Temp	0.131	-0.122

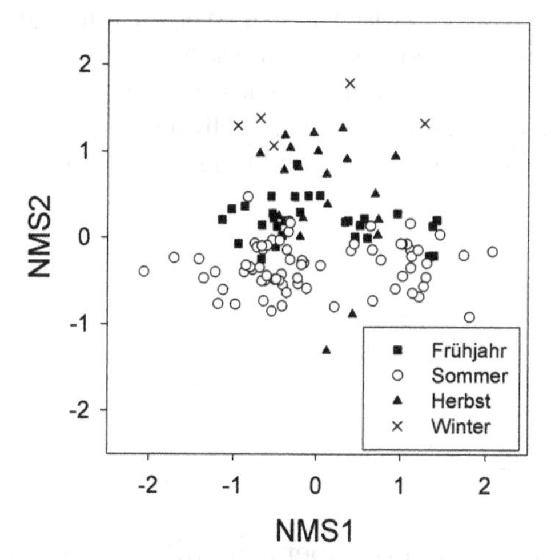

Abbildung 3.18: Wie Abbildung 3.17 aber markiert nach der Jahreszeit.

den Stationen beitragen. Weiters fällt auf, dass sich inmitten der einen Gruppe, bestehend aus den Stationen DA, RB und MH, ein Datenpunkt der Station EW befindet. Diese Ähnlichkeit ergibt sich aufgrund des 100-jährlichen Hochwassers im Juni 2013, welches die Unterschiede zwischen den Stationen kurzzeitig minimiert hat. Die in Abbildung 3.17b dargestellte Aufteilung der Datenpunkte nach der Anbindung zeigt ein ähnliches Ergebnis wie die vorherige Grafik (Abbildung 3.17a). Wiederum werden die Gruppen entlang der Abszisse abgegrenzt. Allerdings erfolgt die Aufspaltung nicht so eindeutig wie zuvor für die Stationen. Dies könnte damit zusammenhängen, dass für bestimmte Parameter, wie den anorganischen Schwebstoffgehalt, die Augewässer teilweise mit einer gewissen Verzögerung auf einen Wechsel des Anbindungsgrades reagieren. In Abbildung 3.18 sind die Datenpunkte der Ordination entsprechend der vier Jahreszeiten markiert. Anders als zuvor erfolgt die Auftrennung der Werte hier entlang der zweiten Achse. Zusammen mit den Ergebnissen für die Umweltparameter lässt sich erkennen, dass die saisonalen Unterschiede im

Tabelle 3.4: Spearman Rangkorrelation zwischen den Werten auf den Ordinationsachsen (NMS1 und NMS2) und den Parametern Viren- und Bakterien-Abundanz, dem Verhältnis von Viren zu Bakterien sowie dem Chlorophyll *a*-Gehalt. Die Sterne neben den Korrelationskoeffizienten stellen das statistische Signifikanzniveau dar (vergleiche Abbildung 3.13). Abkürzungen der Größen siehe Methode.

Variable	NMS1	NMS2
VA	0.495***	0.229*
BA	0.198*	0.388***
VBR	0.415***	-0.002
Chl *a*	0.020	0.369***

Wesentlichen mit den Parametern Wassertemperatur, pH-Wert und Sauerstoffgehalt in Zusammenhang stehen.

Mit Hilfe der Ordination wurden die Umweltparameter auf zwei Variablen reduziert (NMS1 und NMS2), welche die Standortbedingungen charakterisieren. Die beiden Achsen der NMS lassen sich nun mit den Parametern Viren- und Bakterien-Abundanz sowie Chlorophyll *a*-Gehalt in Zusammenhang setzen. Diese Korrelationen sind in Tabelle 3.4 dargestellt. Im Vergleich der beiden Ordinationsachsen lässt sich erkennen, dass die Bakterien-Abundanz und der Chlorophyll *a*-Gehalt einen höheren Korrelationskoeffizienten mit der zweiten NMS-Achse aufweisen, welche die saisonalen Unterschiede charakterisiert. Allerdings unterscheiden sich diese beiden Parameter in der Korrelation mit der ersten NMS-Achse. Während sich für die Bakterien-Abundanz zumindest ein schwacher Zusammenhang abzeichnet, ergibt sich für den Chlorophyll *a*-Gehalt in diesem Fall keine Korrelation. Für die Viren lässt sich ein umgekehrtes Ergebnis feststellen. Es zeigt sich, dass die Viren-Abundanz vorwiegend mit der ersten Achse korreliert, welche die Unterschiede in der Anbindung beschreibt. Besonders deutlich wird dieser Zusammenhang bei der Betrachtung des Parameters VBR, welcher eine auf die Bakterien normierte Abundanz der Virenpartikel im Gewässer darstellt.

In diesem Fall ergibt sich lediglich für NMS1 eine signifikante Korrelation. Demnach profitiert vor allem die Abundanz der freilebenden Viren von den oberflächlich isolierten Verhältnissen, während die Bakterien-Abundanz sowie der Chlorophyll a-Gehalt stärker mit den jahreszeitlichen Veränderungen variiert.

3.5 Viren und deren potentielle Wirte

Ein wichtiger Aspekt für die Beschreibung der Viren-Abundanz ist die Identifizierung ihrer Wirte. Im nächsten Schritt wird daher überprüft, ob lineare Zusammenhänge zwischen den Viren und den beiden in dieser Untersuchung bearbeiteten Wirtsgruppen der Bakterien und der Primärproduzenten bestehen, wobei letztere durch den Chlorophyll a-Gehalt repräsentiert werden.

In Abbildung 3.19 ist die Viren-Abundanz in Abhängigkeit von der Abundanz der heterotrophen Bakterien sowohl für den gesamten Datensatz als auch für jede Station einzeln dargestellt. Für den gesamten Datensatz ergibt sich ein signifikanter, positiver Zusammenhang zwischen den beiden Größen. Im Vergleich der Stationen wird deutlich, dass sich mit Ausnahme der Station EW die einzelnen Standorte ebenfalls durch eine signifikante, positive Korrelation charakterisieren lassen. Für EW lässt sich trotz hoher Werte sowohl für die Viren- als auch die Bakterien-Abundanz kein linearer Zusammenhang feststellen. Bei der Betrachtung der übrigen vier Stationen fällt auf, dass die Station KW mit einem Wert von $r=0.493$ den geringsten Korrelationskoeffizienten aufweist. An den Stationen DA, RB und MH liegen die Korrelationskoeffizienten jeweils über 0.6.

Weiters lässt sich feststellen, dass die zuvor für die Berechnung des VBR getroffene Annahme des linearen Zusammenhangs zwischen den Viren und den Bakterien für alle Stationen bis auf EW bestätigt werden kann. Durch die fehlende Korrelation zwischen den beiden Größen stellt der Parameter VBR für die Station EW ein ungeeignetes Maß zur Beschreibung des Standortes dar. Für den gesamten Datensatz erweist sich VBR wiederum als angebracht.

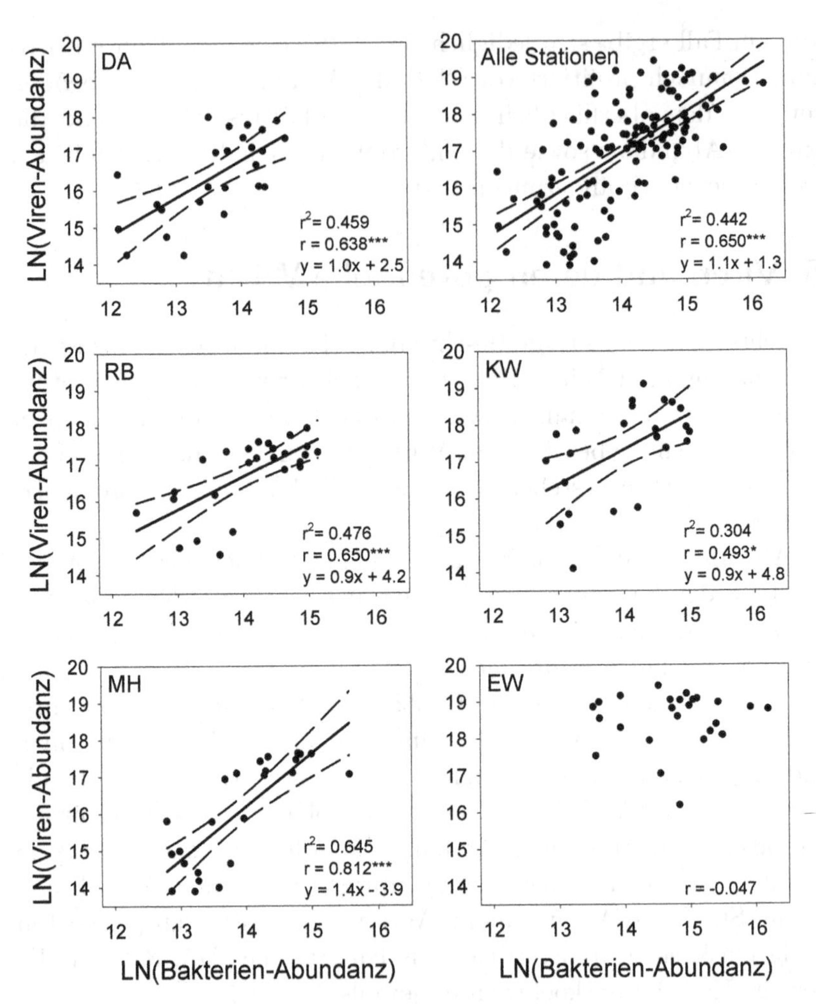

Abbildung 3.19: Zusammenhang zwischen der Abundanz der Viren und der Bakterien für die Daten aller Stationen sowie für jede Station einzeln. Beide Größen sind log-transformiert. Neben dem Spearman Rangkorrelationskoeffizienten (r) ist auch das Bestimmtheitsmaß (r^2) des linearen Regressionsmodells angegeben, sofern eine signifikante Regression vorliegt. Die Sterne neben den Korrelationskoeffizienten zeigen das statistische Signifikanzniveau an (siehe Abbildung 3.13). Abkürzungen der Stationen siehe Methode.

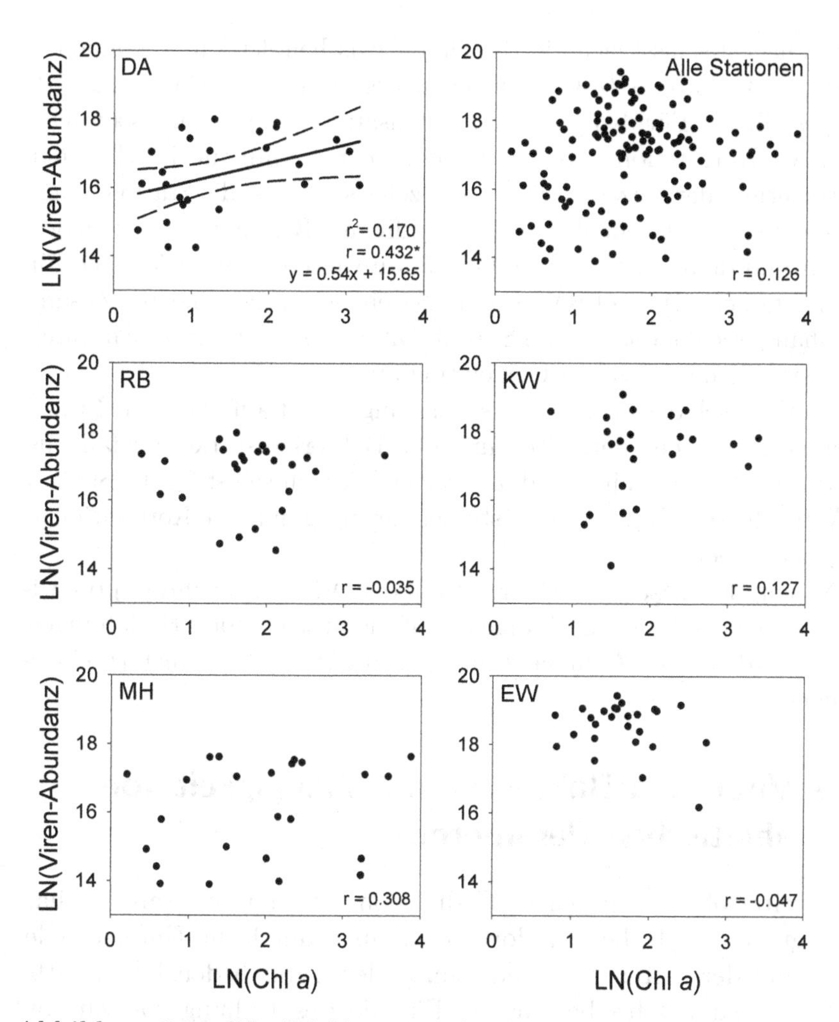

Abbildung 3.20: Wie Abbildung 3.19 aber für den Zusammenhang zwischen der Viren-Abundanz und dem Chlorophyll a-Gehalt. Beide Größen sind log-transformiert.

Als nächstes lässt sich die Beziehung zwischen der Viren-Abundanz und dem Chlorophyll a-Gehalt betrachten, welche in Abbildung 3.20 dargestellt ist. Für den gesamten Datensatz ergibt sich eine schwache, positive Korrelation, welche jedoch nicht signifikant ist. Bei der Betrachtung der einzelnen Standorte zeigt sich, dass die Stationen mit Ausnahme von DA ebenfalls keine signifikante Beziehung zwischen den Viren und dem Chlorophyll a-Gehalt aufweisen, wenngleich sich für die Stationen MH und KW zumindest ein schwacher linearer Zusammenhang erkennen lässt. Die Station DA hingegen zeichnet sich durch eine signifikante, positive Korrelation aus.

Im Vergleich der beiden Wirtsbeziehungen fällt auf, dass der Zusammenhang zwischen den Viren und den Bakterien stärker ausfällt als jener zwischen den Viren und den Algen. Dies gilt selbst für die Station DA, für die sich für beide Wirtsbeziehungen signifikante Korrelationen ergeben haben.

Neben der gezeigten Korrelation der Viren mit ihren potentiellen Wirten soll nun nachfolgend auf die auftretenden Beziehungen zwischen der Viren-Abundanz und den abiotischen Parametern eingegangen werden.

3.6 Viren und Bakterien in Abhängigkeit von abiotischen Parametern

Die weiter oben besprochene Ordination der Umweltparameter hat gezeigt, dass sich die Standorte zum einen durch die Unterschiede aufgrund der Anbindung und zum anderen durch den jahreszeitlichen Aspekt beschreiben lassen. Für die Besprechung von Zusammenhängen zwischen Viren und abiotischen Größen werden nun zwei Parameter ausgewählt, die stellvertretend für diese beiden Zusammenhänge stehen. Die Viren-Abundanz wird somit in Abhängigkeit von der Leitfähigkeit, welche den Grad der Anbindung beschreibt, und von der Wassertemperatur, welche die Saisonalität widerspiegelt, betrachtet. Weitere Korrelationen sind zum einen für den gesamten

Datensatz in Tabelle 3.5 und zum anderen für die einzelnen Stationen in Tabelle 3.6 dargestellt und werden nachfolgend im Detail besprochen.

In Abbildung 3.21 ist die Viren-Abundanz in Abhängigkeit von der Leitfähigkeit gezeigt. Für den gesamten Datensatz ergibt sich ein signifikanter, positiver Zusammenhang. Im Vergleich mit den Grafiken für die einzelnen Stationen fällt auf, dass sich eine signifikante Korrelation, wie sie sich für den gesamten Datensatz gezeigt hat, lediglich für DA und MH feststellen lässt. Dahingegen weisen KW und EW einen schwach positiven und RB keinen linearen Zusammenhang zwischen den beiden Größen auf. Insgesamt ist erkennbar, dass der Korrelationskoeffizient für den gesamten Datensatz höher ausfällt als für die einzelnen Stationen. Dies deutet darauf hin, dass die für alle Daten gefundene starke Korrelation zwischen der Leitfähigkeit und der Viren-Abundanz sich insbesondere aus den Unterschieden zwischen den Stationen ergibt.

In Abbildung 3.22 wird die Beziehung zwischen der Viren-Abundanz und der Wassertemperatur veranschaulicht. Es lässt sich beobachten, dass ein umgekehrt proportionaler Zusammenhang zwischen den beiden Größen vorliegt. Die Auswertung des gesamten Datensatzes zeigt lediglich einen schwachen, negativen Zusammenhang, welcher nicht signifikant ausfällt. Dahingegen lässt sich bei der Betrachtung der einzelnen Stationen für DA und MH eine signifikante, negative Korrelation feststellen. Wenngleich sich für die Station RB und KW kein signifikanter Zusammenhang beobachten lässt, zeigt sich auch in diesen Grafiken die negative Beziehung zwischen der Viren-Abundanz und der Wassertemperatur. Dabei weisen die Korrelationskoeffizienten dieser beiden Stationen einen höheren Wert auf als jener für den gesamten Datensatz. Lediglich für die Station EW lässt sich wiederum kein linearer Zusammenhang zwischen der Viren-Abundanz und der Wassertemperatur feststellen.

Neben der graphischen Darstellung ausgewählter Zusammenhänge lassen sich auch die übrigen Korrelationskoeffizienten in den nachstehenden Tabellen 3.5 und 3.6 betrachten. Für die Korrelationen der gesamten Datensätze in Tabelle 3.5 lässt sich erkennen, dass

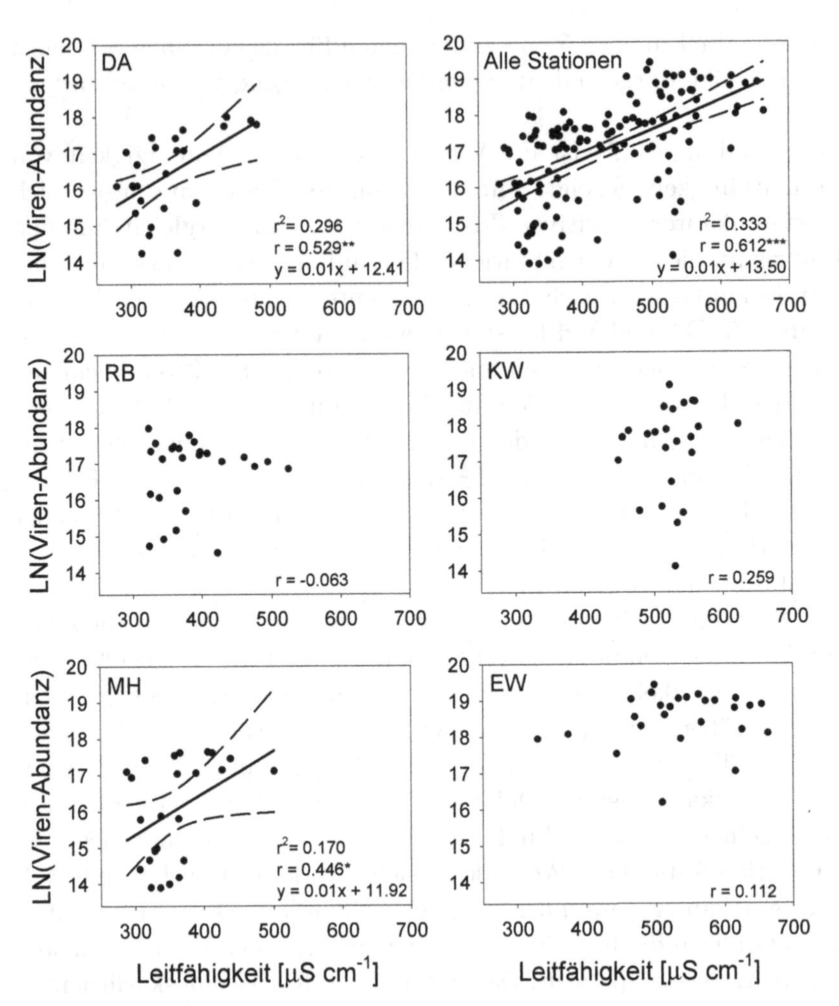

Abbildung 3.21: Wie Abbildung 3.19 aber für die Beziehung zwischen der Viren-Abundanz und der Leitfähigkeit. Die Viren-Abundanz ist log-transformiert.

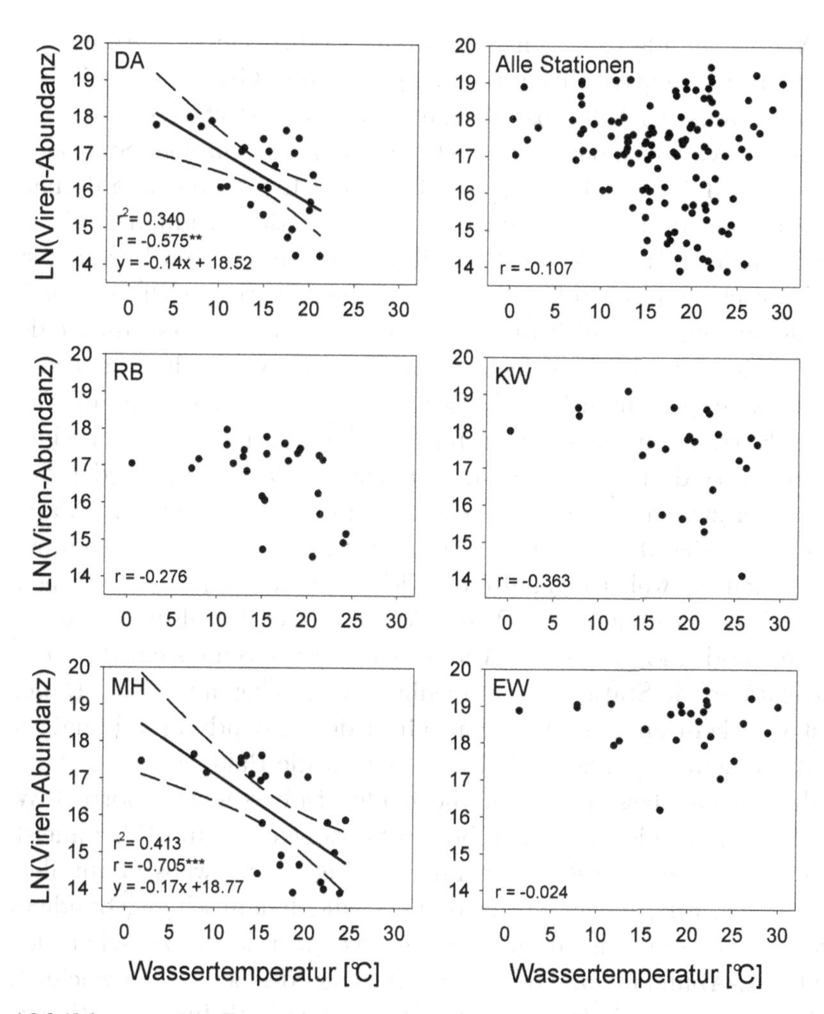

Abbildung 3.22: Wie Abbildung 3.19 aber für den Zusammenhang zwischen der Viren-Abundanz und der Wassertemperatur. Die Viren-Abundanz ist log-transformiert.

die Viren-Abundanz neben den bereits besprochenen Parametern signifikante, negative Zusammenhänge mit den Größen organischer und anorganischer Schwebstoffgehalt sowie Sauerstoffgehalt aufweist. Werden im Vergleich dazu die Koeffizienten für die einzelnen Stationen in Tabelle 3.6 betrachtet, fällt auf, dass sich für den organischen Schwebstoffgehalt keine signifikanten Korrelationen mit der Viren-Abundanz ermitteln lassen. Im Fall der beiden anderen Parameter, anorganische Schwebstoffe und Sauerstoffgehalt, zeigt sich, dass sich jeweils nur eine signifikante Korrelation beobachten lässt, die beide Male positiv ausfällt. Diese beiden Koeffizienten weisen damit ein zum Ergebnis des gesamten Datensatzes umgekehrtes Vorzeichen auf. Die hohen Korrelationskoeffizienten für die gesamten Datensätze ergeben sich für diese drei Größen demnach allein aus den Unterschieden der Parameter zwischen den Stationen. Im Vergleich der abiotischen Parameter lässt sich darüber hinaus feststellen, dass sich mit Ausnahme der beiden Schwebstoffgehalte eine je Parameter für alle Stationen gleichartige Beziehung zur Viren-Abundanz ergibt. Für den organischen und anorganischen Anteil des Sestons zeigt sich, dass die Korrelationen je Station unterschiedliche Vorzeichen aufweisen. Dabei lässt sich kein einheitliches, vom Grad der Anbindung abhängiges Muster erkennen. Anders verhält es sich für die Bakterien-Abundanz. In diesem Fall lassen sich für die beiden isolierten Standorte KW und EW im Vergleich mit den beiden Stationen RB und DA zumeist höhere positive Korrelationen mit den beiden Schwebstoffanteilen beobachten. Eine Ausnahme davon bildet die dynamisch angebundene Station MH, die sich durch eine negative Korrelation zwischen der Bakterien-Abundanz und den beiden Anteilen des Sestons auszeichnet.

Weiters zeigt die Betrachtung des Parameters VBR für die Stationen DA, RB, MH und KW, dass sich signifikante Korrelationen mit den anorganischen Schwebstoffen ergeben, welche sich zum Teil für die Abundanz der Viren und Bakterien nicht ergeben haben. Es lässt sich allerdings feststellen, dass die Vorzeichen der Korrelationen auch hier unterschiedlich ausfallen. Zum einen weisen die Stationen DA und MH eine signifikant negative Beziehung auf. Zum anderen zeichnet sich für die Station RB ein signifikant positiver Zusammenhang zwischen VBR

Tabelle 3.5: Spearman Rangkorrelation der untersuchten Parameter für den gesamten Datensatz. Signifikante Korrelationskoeffizienten sind fett gekennzeichnet. Abkürzungen der einzelnen Parameter siehe Methode.

Variable	Org	Inorg	Cond	pH	Oxy	Temp	Chl *a*	VA	BA
Inorg	**0.792**								
Cond	**-0.581**	**-0.773**							
pH	**0.290**	**0.196**	-0.098						
Oxy	**0.448**	**0.378**	**-0.370**	**0.656**					
Temp	**-0.379**	**-0.379**	0.124	**-0.380**	**-0.449**				
Chl *a*	0.045	-0.152	**0.187**	**0.310**	**0.309**	-0.110			
VA	**-0.389**	**-0.481**	**0.612**	-0.148	**-0.363**	-0.107	0.126		
BA	-0.036	**-0.214**	**0.441**	0.120	-0.098	**-0.336**	**0.315**	**0.650**	
VBR	**-0.397**	**-0.384**	**0.406**	**-0.269**	**-0.321**	0.069	-0.048	**0.766**	0.080

Tabelle 3.6: Spearman Rangkorrelation zwischen der Viren- und der Bakterien-Abundanz sowie dem Verhältnis von Viren zu Bakterien und den Umweltparametern für die fünf Stationen. Signifikante Korrelationen sind fett markiert. Abkürzungen der Stationen und der Parameter siehe Methode.

Variable	Station	Org	Inorg	Cond	pH	Oxy	Temp	Chl *a*	VA	BA
	DA	-0.147	-0.298	**0.529**	**0.479**	**0.656**	**-0.575**	**0.432**		**0.635**
	RB	0.368	**0.413**	-0.063	-0.016	0.033	-0.276	-0.035		**0.649**
VA	MH	-0.152	-0.290	**0.446**	0.182	0.116	**-0.705**	0.308		**0.810**
	KW	0.050	-0.174	0.259	0.267	0.196	-0.363	0.127		**0.492**
	EW	0.117	0.090	0.112	0.022	0.185	-0.024	-0.047		-0.039
	DA	0.286	0.117	0.058	0.293	**0.711**	**-0.526**	**0.747**	**0.635**	
	RB	0.199	-0.063	**0.399**	**0.449**	**0.430**	**-0.437**	0.169	**0.649**	
BA	MH	-0.161	-0.316	**0.597**	0.389	0.264	**-0.623**	**0.408**	**0.810**	
	KW	0.274	0.344	0.211	0.402	-0.039	-0.355	0.090	**0.492**	
	EW	**0.492**	0.384	0.381	**0.500**	0.241	**-0.673**	0.209	-0.039	
	DA	-0.361	**-0.451**	**0.636**	0.287	0.232	-0.254	-0.042	**0.765**	0.045
	RB	0.251	**0.525**	-0.317	**-0.493**	-0.366	0.022	-0.133	**0.506**	-0.237
VBR	MH	-0.063	-0.081	-0.015	-0.130	-0.092	**-0.518**	-0.008	**0.758**	0.343
	KW	-0.207	**-0.466**	-0.023	-0.045	0.144	-0.020	0.252	**0.704**	-0.162
	EW	-0.340	-0.295	-0.246	-0.218	0.050	**0.478**	-0.219	**0.665**	**-0.691**

und dem anorganischen Schwebstoffgehalt ab, während sich für die Station MH kein linearer Zusammenhang beobachten lässt. Ähnliche Verhältnisse zeigen sich für das organische Seston.

Insgesamt lässt sich anhand der beiden Tabellen erkennen, dass sich die Korrelationen zwischen den Viren und den abiotischen Parametern zu einem Großteil auf die Zusammenhänge zwischen ihren Wirten und den abiotischen Parametern zurückführen lassen. Dies kann daraus abgeleitet werden, dass die Bakterien ebenso mit den abiotischen Größen korrelieren wie die Viren. Am Beispiel der Wassertemperatur wird ersichtlich, dass sich für vier der fünf Stationen ein signifikant negativer Zusammenhang mit der Bakterien-Abundanz ergibt. Dahingegen weist die Beziehung zur Viren-Abundanz lediglich zwei signifikante Korrelationen auf.

4 Diskussion

4.1 Die Viren-Abundanz in den Donau-Augewässern und deren Abhängigkeit von potentiellen Wirten

Die Abundanz der Viren und der Bakterien sowie deren Wechselwirkungen mit abiotischen Parametern wurde schon in verschiedenen Ökosystemen unterschiedlicher geographischer Breite untersucht. Die in dieser Arbeit ermittelte Viren- und Bakterien-Abundanz weist für alle fünf untersuchten Standorte Werte in der Größenordnung von 10^6 bis 10^8 VLP ml^{-1} bzw. 10^5 bis 10^7 Bakterienzellen ml^{-1} auf. Diese Wertebereiche stimmen mit Daten aus vergleichbaren Studien im Untersuchungsgebiet der Donau-Auen überein (Fischer und Velimirov 2002, Luef et al. 2007, Peduzzi und Luef 2008, Besemer et al. 2009). Andere Arbeiten zu weltweit pelagischen Süßwassersystemen weisen eine Viren-Abundanz zwischen 10^4 und 10^8 VLP ml^{-1} auf (Peduzzi und Luef 2009). Im Vergleich mit diesen Werten liegen die Ergebnisse in der hier vorliegenden Arbeit somit im oberen Bereich. Für das Verhältnis von Viren zu Bakterien ergeben sich im limnischen Pelagial typischerweise Unterschiede von ein bis zwei Größenordnungen (Peduzzi und Luef 2008). Dies lässt sich auch für die hier untersuchten Standorte bestätigen. Während die durchströmten Stationen DA, RB und MH für das VBR Unterschiede von einer Größenordnung aufweisen, lässt sich für die beiden häufig isolierten Standorte KW und EW eine Schwankungsbreite von zwei Größenordnungen feststellen. Damit einhergehend weisen KW und EW für das Verhältnis von Viren zu Bakterien einen höheren Median auf als die übrigen drei Stationen. Hohe Werte für das VBR weisen nach Wommack und Colwell (2000) auf einen hohen Nährstoffgehalt und eine hohe Produktivität hin. Im Vergleich mit Daten aus marinen Ökosystemen lässt sich beobachten, dass sich limnische Lebensräume zumeist sowohl durch eine höhere Abundanz an Viren als auch durch ein höheres Verhältnis von Viren zu Bakterien auszeichnen (Peduzzi und Luef 2009). Sedimente, dahingegen, weisen in beiden aquatischen Lebensräumen größtenteils eine viel höhere Abundanz von Viren und Bakterien auf als in der darüber liegenden Wassersäule. Dieser Unterschied kann nach Danovaro et al. (2008) für die Viren-Abundanz ein bis drei Größenordnungen betragen.

Eine Vielzahl von Untersuchungen konnte zeigen, dass die Abundanz der in der Wassersäule frei vorkommenden Viren wesentlich durch die Abundanz bzw. die Antreffwahrscheinlichkeit ihrer Wirte bestimmt wird (Weinbauer 2004, Pradeep Ram und Sime-Ngando 2008, Payet und Suttle 2013). In der hier vorliegenden Untersuchung wurden zwei Gruppen von Wirten betrachtet, nämlich die heterotrophen Bakterien und die Primärproduzenten im Pelagial. Ein wesentliches Ergebnis ist, dass die Abundanz der Viren eng mit der Bakterien-Abundanz korreliert, d.h. die Bakterien eine maßgebliche Wirtsgruppe in den untersuchten Augewässern darstellen. Andere Untersuchungen haben ebenfalls gezeigt, dass ein Großteil der Viren in aquatischen Lebensräumen der Gruppe der Bakteriophagen zuzuordnen ist (Wommack und Colwell 2000, Weinbauer 2004, Peduzzi und Luef 2009). In der hier vorliegenden Arbeit konnte weiters festgestellt werden, dass der Zusammenhang zwischen den Viren und den Bakterien für die durchströmten Standorte enger ausgefallen ist als für die häufig oberflächlich isolierten Stationen. Die hohe Ähnlichkeit der dynamisch angebundenen Au-Standorte zum Hauptstrom der Donau drückt sich auch in einer hohen räumlichen Kohärenz von abiotischen Parametern, wie dem anorganischen Schwebstoffgehalt, aus. Die Bedeutung von Schwebstoffen für das Vorkommen von Viren und Bakterien wird weiter unten diskutiert. Für die zweite hier untersuchte potentielle Wirtsgruppe der Primärproduzenten, deren Biomasse hier durch die Konzentration an Chlorophyll a repräsentiert wird, ergibt sich kein solch starker Zusammenhang. Allein für den Hauptstrom ließ sich eine signifikante Korrelation aufzeigen. Bei einem Vergleich der beiden

Wirtsbeziehungen ließ sich weiters feststellen, dass der Zusammenhang mit den Bakterien immer stärker ausgefallen ist als für die Algen. Dadurch lässt sich die Annahme bestätigen, dass die Viren an den hier bearbeiteten Standorten hauptsächlich von den heterotrophen Bakterien abhängen und die Algen als Wirte lediglich eine untergeordnete Rolle spielen.

An der Station EW konnten die bisher hier beschriebenen Zusammenhänge jedoch nicht bestätigt werden. Daher werden die Ergebnisse zu diesem Standort nachfolgend etwas ausführlicher diskutiert. Für die Station EW, welche oberflächlich am wenigsten durch den Hauptstrom beeinflusst wird, ließ sich keine Korrelation zwischen der Viren- und der Bakterien-Abundanz beobachten, obwohl beide Größen im Vergleich mit den übrigen Stationen den signifikant höchsten Median aufweisen. Der fehlende lineare Zusammenhang kann verschiedene Ursachen haben. Zum einen stellt sich hier wiederum die Frage, ob andere Wirte von Viren wie beispielsweise Primärproduzenten die Abundanz der Viren beeinflussen. Arbeiten, in denen ebenfalls kein linearer Zusammenhang zwischen der Viren- und der Bakterien-Abundanz festgestellt werden konnte, haben gezeigt, dass Primärproduzenten durchaus eine nicht unerhebliche Rolle als Wirte von Viren darstellen können (Wommack und Colwell 2000, Tijdens et al. 2008). Bei der Station EW konnte jedoch auch hier keine Korrelation zwischen der Viren-Abundanz und dem Chlorophyll a-Gehalt ermittelt werden. Mögliche weitere Wirte stellen Protisten dar, welche nicht im Rahmen dieser Studie untersucht wurden, aber zur Viren-Abundanz beitragen können (Wommack und Colwell 2000). Eine weitere Begründung für den fehlenden linearen Zusammenhang zwischen den Viren und den Bakterien an der Station EW könnte sein, dass das Verhältnis von Viren zu Weidegängern als Top-down-Kontrolle für die heterotrophen Bakterien anders ausfällt als für die übrigen Stationen. Vielfach weisen die beiden Gruppen einen gleich großen Einfluss auf die Mortalität der Bakterien auf (Wommack und Colwell 2000). Davon abweichend werden auch Modelle diskutiert, die eine Abhängigkeit der Top-down-Kontrolle mit dem Trophiegrad des Gewässers in Verbindung setzen (Weinbauer und Peduzzi 1995, Pernthaler 2005). Demnach werden Bakterien in oligotrophen Gewässern stärker durch Weidegänger kontrolliert als in nährstoffreichen Gewässern, da die bakterivoren Weidegänger bei eutrophen Bedingungen durch größere Organismen der nächsten trophischen Ebene dezimiert werden. Dies lässt sich im konkreten Fall der Station EW dahingehend interpretieren, dass es bei einem möglicherweise geringeren Einfluss durch Weidegänger zwar einerseits zu einer hohen Abundanz von Bakterien kommt, aber andererseits die Viren, welche ihrerseits Bestandteil der Nahrung der Weidegänger sind (Pernthaler 2005), ebenfalls weniger reguliert werden. Dadurch kann es zu einer fehlenden Kopplung zwischen den Viren und den Bakterien kommen. Dass die hier fehlende Korrelation zwischen der Viren- und der Bakterien-Abundanz oder dem Chlorophyll a-Gehalt kein Einzelfall darstellt, ist anhand einer Studie von Laybourn-Parry et al. (2001) zu antarktischen Süß- und Salzwasserseen zu sehen, welche ebenfalls keinen linearen Zusammenhang zwischen den genannten Parametern feststellen konnten.

4.2 Die Viren-Abundanz in Abhängigkeit von der Anbindung der Augewässerstandorte an die Donau

Die hydrologische Anbindung zwischen den jeweiligen Augewässerabschnitten und dem Hauptstrom stellt einen wesentlichen Aspekt in Bezug auf die unterschiedliche Ausprägung der Viren-Abundanz dar. Der Grad der oberflächlichen Anbindung wurde in der hier vorliegenden Arbeit durch den Parameter der Leitfähigkeit beschrieben. Es hat sich gezeigt, dass die häufig oberflächlich isolierten Stationen höhere Werte der Leitfähigkeit aufweisen als die dynamisch angebundenen Au-Standorte. Einerseits können nach Lampert und Sommer (1993) polare organische Verbindungen aus biologischen Prozessen, welche unter stehenden Bedingungen begünstigt werden, zur Gesamtionenkonzentration beitragen. Andererseits lassen sich nach Hein et al. (2004) Unterschiede in der Leitfähigkeit in einem Flussau-System auf ein verschieden starkes Einmischen von Wasser aus dem Hauptstrom zurückführen. Dabei weisen insbesondere die Augebiete in der Lobau aufgrund der häufigen hydrologischen Isolation einen starken Grundwassereinfluss auf (Schiemer et al. 1999). Das Grundwasser zeichnet sich im Vergleich mit dem Regenwasser zumeist durch höhere Werte der Leitfähigkeit aus (Mutschmann et al. 2007). Damit können sich für die abgelegenen Standorte in einem Flussau-System höhere Werte der Leitfähigkeit ergeben als für die häufig durchströmten Augebiete. Aus diesem Grund lässt sich die Leitfähigkeit als Maß für die Konnektivität sehen. Das Einmischen des Wassers aus dem Hauptstrom erfolgt einerseits über das Sickerwasser und andererseits über eine direkte oberflächliche Verbindung (Preiner et al. 2008). Weiters konnte festgestellt werden, dass die Zeitreihe der Leitfähigkeit einen für alle Stationen gleichartigen, zum Wasserstand des Hauptstromes umgekehrt proportionalen Verlauf aufweist. Dieses Ergebnis steht ebenfalls mit dem Mischungsverhältnis von Oberflächen- zu Grundwasser in Zusammenhang. Andere Möglichkeiten um den Anbindungsgrad zu beschreiben stellen hydrologische Modelle, wie sie beispielsweise in Preiner et al. (2008) verwendet werden, oder der in Peduzzi et al. (2008) beschriebene Parameter „extent of connection“ dar, welcher die Anbindung der Augewässer mit dem Wasserstand der Donau in Verbindung setzt.

Die oben bereits diskutierten stationsweisen Unterschiede von Viren und Bakterien lassen sich über die Leitfähigkeit mit der Konnektivität der Au-Standorte in Beziehung setzen. Die Viren- und die Bakterien-Abundanz nehmen mit dem räumlich-hydrologischen Abstand von der Donau, d.h. mit einer abnehmenden hydrologischen Anbindung, zu. Diese Zunahme von Viren und Bakterien ergibt sich durch die Rückhaltung von Nährstoffen in den Augewässerabschnitten sowie einer generell erhöhten biologischen Aktivität unter lentischen Bedingungen und unterstützt die vorher diskutierte mögliche Verschiebung des Verhältnisses von Viren zu Weidegängern als Top-down-Kontrolle. Für die Station KW lässt sich diesbezüglich ein Übergang von den durchströmten Stationen hin zur häufig isolierten Station EW aufzeigen. Im Vergleich mit den signifikant positiven Korrelationen zwischen den Viren und den Bakterien weist KW den niedrigsten Koeffizienten auf, während sich für die Station EW wie oben diskutiert keine Korrelation ergeben hat. Eine Zunahme des medianen Chlorophyll *a*-Gehalts mit zunehmendem Abstand von der Donau, wie es für die Viren und die Bakterien festgestellt wurde, konnte hier nicht beobachten werden. Dass sich die Unterschiede im Nährstoffgehalt der Gewässer nicht im Chlorophyll *a*-Gehalt widerspiegeln, hängt wahrscheinlich damit zusammen, dass die beiden entfernten Stationen aufgrund des zumeist stehenden Charakters und der geringen Wassertiefe einen höheren Anteil an submersen Hydrophyten aufweisen. Dadurch können sich für den Chlorophyll *a*-Gehalt trotz der Unterschiede im Nährstoffgehalt signifikant gleiche Mediane für die verschiedenen Stationen ergeben.

Einen weiteren abiotischen Parameter, dessen standortbedingte Unterschiede ein Ausdruck der verschiedenen hydrologischen Anbindung ist, stellt der Schwebstoffgehalt dar. Im Gegensatz zur Leitfähigkeit, welche neben der direkten Verbindung der Oberflächengewässer auch von einer Wasserzufuhr über das Sickerwasser beeinflusst wird, spiegelt der Schwebstoffgehalt allein die verschiedenen Strömungsverhältnisse, die sich aufgrund der direkten oberflächlichen Anbindung der Au-Standorte ergeben, wider. Der Einfluss der hohen Wasserstände, die hier in beiden Untersuchungsjahren beobachtet wurden (Hochwasser im Juni 2012 und 100-jährliches Hochwasser im Juni 2013), stand im Einklang mit Messwerten eines besonders hohen Schwebstoffgehalts. Der Transport von Schwebstoffen hängt im Wesentlichen von der Fließgeschwindigkeit ab. Je höher die Strömungsgeschwindigkeit ist desto größere mineralische Partikel können mit dem Fließgewässer transportiert werden (siehe beispielsweise Bleeck-Schmidt 2008). Dadurch ergeben sich für die durchströmten Stationen höhere Konzentrationen an anorganischen Partikeln als für die oberflächlich häufig isolierten Stationen. Für diese häufig durchströmten Au-Standorte zeigt sich eine hohe Kohärenz, d.h. eine Synchronität der jahreszeitlichen Dynamik, des anorganischen Schwebstoffanteiles mit der Donau. Wie auch in Hein et al. (2004) beschrieben, lässt sich die oberflächliche Anbindung der Augewässer durch den erhöhten Schwebstoffgehalt erkennen. In Übereinstimmung damit konnte für die häufig oberflächlich isolierten Au-Standorte, KW und EW, für den gesamten Datensatz keine Kopplung an die Dynamik des anorganischen Schwebstoffgehalts in der Donau beobachtet werden. Allein bei der Betrachtung jener Fälle, für die eine oberflächliche Anbindung etabliert war, konnte auch für KW und EW eine ähnlich hohe Kohärenz wie für die häufig durchströmten Standorte festgestellt werden. Für den Zeitraum mit einer fehlenden hydrologischen Anbindung zeigt sich jedoch für die häufig isolierten Standorte sogar eine zur Donau gegenläufige Dynamik. Da wie bereits erwähnt die Konzentration von suspendierten Partikeln stark von der Fließgeschwindigkeit abhängt, spielt neben der hydrologischen Anbindung auch eine windgetriebene Zirkulation, wie sie vor allem an den häufig isolierten, flachen Standorten auftreten kann, eine wichtige Rolle.

Im Zusammenhang mit den Viren konnte in der hier vorliegenden Arbeit festgestellt werden, dass an den Standorten mit einem geringen Schwebstoffgehalt die Viren-Abundanz höher ausfällt als an den dynamisch angebundenen Stationen. Neben dem bereits diskutierten Aspekt der oberflächlichen Verbindung zeichnen sich die Schwebstoffe auch durch einen direkten Effekt auf die Virenpartikel aus. In verschiedenen Arbeiten wird dieser Zusammenhang diskutiert. So wird beschrieben, dass Virenpartikel an suspendierten Partikeln anhaften und mit der Sedimentation dieser Partikel aus der Wassersäule entfernt werden (Hewson und Fuhrman 2003, Weinbauer 2004). Darüber hinaus zählt das Vorhandensein von suspendiertem Material zu jenen Faktoren, die das Abklingen der Virulenz von Virenpartikeln fördern (Noble und Fuhrman 1997). Der direkte Effekt von Schwebstoffen auf Viren könnte zusätzlich zum Einfluss der hydrologischen Anbindung die höhere Viren-Abundanz an den oberflächlich isolierten Standorten erklären, auch wenn die hydrologische Anbindung als der maßgebliche Einflussfaktor angesehen werden kann.

Weiters ergab sich in der hier vorliegenden Arbeit, dass die Korrelationen der Viren-Abundanz mit den Schwebstoffen für die einzelnen Stationen durchaus unterschiedliche Vorzeichen aufweisen. Diese unterschiedlichen Vorzeichen, welche sich teilweise auch für die Korrelationen mit der Bakterien-Abundanz ergeben haben, weisen darauf hin, dass in Bezug auf die Schwebstoffe unterschiedliche Interaktionen mit den Viren und den Bakterien vorliegen. In Peduzzi und Luef (2008) konnte in einer Untersuchung in den Donau-Auen gezeigt werden, dass sich die Besiedlung von Schwebstoffen in den stehenden Augewässern von jener im Hauptstrom unterscheidet. Dabei wurde als ein entscheidender Faktor die Partikelgröße genannt. Dies steht in der hier vorliegenden Arbeit im Einklang mit dem gefundenen Ergebnis, dass die isolierten Stationen mit zumeist stehendem Charakter eine zum Teil höhere positive Korrelation zwischen den beiden Schwebstoffanteilen und der Bakterien-Abundanz aufweisen, was sich wiederum auf die Abundanz der Viren durch die enge Kopplung mit den Bakterien auswirkt.

Für andere hier untersuchte abiotische Parameter, wie beispielsweise die Leitfähigkeit oder die Wassertemperatur, konnte dahingegen eine für alle Stationen gleichartige Beziehung zur Viren-Abundanz festgestellt werden, selbst wenn die Korrelationen nicht in allen Fällen signifikant ausgefallen sind. Im Gegensatz zu der vielfältigen Bedeutung der Schwebstoffe für die Viren stellen die zuletzt genannten Parameter anscheinend robustere Faktoren dar, um das Vorkommen der Viren aufzuzeigen.

4.3 Die Abhängigkeit der Viren-Abundanz von der Saisonalität

Die multivariate Auswertung der abiotischen Größen hat gezeigt, dass neben den standortbedingten Unterschieden ein jahreszeitlicher Aspekt zu beobachten ist, der sich maßgeblich in der Wassertemperatur widerspiegelt. Weiters konnte auch anhand der räumlichen Kohärenz zwischen den Au-Standorten und dem Referenzstandort DA gezeigt werden, dass die Wassertemperatur für alle Au-Standorte synchron mit der Donau verläuft, d.h. alle Stationen einen gleichartigen jahreszeitlichen Verlauf der Wassertemperatur aufweisen. Diese starke Kohärenz ergibt sich sowohl für den gesamten Datensatz als auch für die Einteilung der Daten in „angebunden“ und „isoliert“. Temperaturunterschiede zwischen den Stationen, die sich aus Unterschieden in der

Gewässertiefe und dem Fließverhalten ergeben, fallen hier vergleichsweise geringer aus als die jahreszeitlichen Unterschiede. Aus diesem Grund eignet sich die Wassertemperatur zur Betrachtung der Saisonalität. In der hier vorliegenden Arbeit hat sich gezeigt, dass die Viren- und die Bakterien-Abundanz signifikant negativ mit der Wassertemperatur korrelieren. Dieses Ergebnis steht im Einklang damit, dass für den Chlorophyll *a*-Gehalt hohe Werte bei bereits geringen Wassertemperaturen beobachtet werden konnten. Andere Arbeiten zu den Donau-Auen konnten ebenfalls eine höhere Abundanz von pelagischen sowie benthischen Viren in der kühlen Jahreszeit feststellen (Fischer et al. 2003, Besemer et al. 2009). Im Gegensatz dazu konnte für Seen ein positiver Zusammenhang zwischen der Wassertemperatur und der Viren- bzw. der Bakterien-Abundanz beobachtet werden, wonach sich im Sommer höhere Werte der Abundanz im Pelagial ergeben (Colombet et al. 2009, Pradeep Ram et al. 2011, Tijdens et al. 2008). Ein Grund für die gegensätzliche Korrelation für die beiden Ökosysteme stellt wahrscheinlich die verschiedene Hydrologie und die damit einhergehende unterschiedliche Nährstoffverfügbarkeit dar.

Ein weiterer saisonaler Aspekt der Viren-Abundanz stellt das Verhältnis von lysogenem zu lytischem Zyklus dar, welches sich über das Jahr hinweg ändern kann. Wie in Lymer und Lindström (2010) gezeigt werden konnte, nimmt der Anteil an lysogenen Bakterien mit steigenden Werten der Temperatur sowie des Gesamtphosphorgehalts zu. Dies kann im Sommer eine vergleichsweise niedrige Abundanz von frei in der Wassersäule vorkommenden Virenpartikeln begünstigen. Darüber hinaus wurde in manchen Arbeiten auch ein direkter Effekt der Wassertemperatur auf die Viren-Abundanz diskutiert. Der Verlust der Virulenz sowie die Latenzzeit nehmen demnach mit steigender Temperatur zu (Weinbauer 2004). In Mathias et al. (1995) konnte bei höherer Wassertemperatur ein schnellerer Abbau der Virenpartikel beobachtet werden. Mit dieser Thematik in Zusammenhang steht die Aktivität von extrazellulären Enzymen, welche nach Noble und Fuhrman (1997) ebenfalls zum Zerfall der frei im Wasser vorkommenden Viren beitragen und eine Temperaturabhängigkeit aufweisen. Dennoch kann davon ausgegangen werden, dass die hier beschriebene

Viren-Abundanz hauptsächlich an den saisonalen Verlauf der heterotrophen Bakterien gekoppelt ist. Der Einfluss der Wassertemperatur lässt sich hier im Wesentlichen als indirekter Effekt beschreiben. Unterstützt wird dies dadurch, dass in der hier vorliegenden Arbeit jene Stationen, die im Vergleich der Standorte im Sommer eine geringfügig höhere Wassertemperatur aufweisen, dennoch eine höhere Viren-Abundanz verzeichnen. Dies würde einem Überwiegen des direkten Temperatureffekts, d.h. einer höheren Zerfallsrate der Virenpartikel bei höheren Temperaturen, widersprechen. Die indirekte Abhängigkeit der Viren von der Temperatur spiegelt daher wahrscheinlich hauptsächlich den jahreszeitlichen Aspekt, der sich z.B. in den Schwankungen der Nährstoffverfügbarkeit und anderen sich saisonal verändernden Faktoren ausdrückt, wider.

Insgesamt lässt sich zusammenfassend feststellen, dass die hier untersuchten Parameter für die Viren-Abundanz hauptsächlich einen indirekten Einfluss über ihre Wirtsorganismen aufweisen. Die Wirte hängen ihrerseits von abiotischen und biotischen Größen über eine Bottom-up- bzw. Top-down-Kontrolle ab. Durch die enge Kopplung zwischen den Viren und ihren Wirtsorganismen lassen sich Zusammenhänge mit abiotischen Parametern auch für die Viren feststellen.

Literaturverzeichnis

[Abedon 2008] ABEDON, S. T. (Hrsg.): *Bacteriophage ecology: population growth, evolution, and impact of bacterial viruses.* Cambridge University Press, 2008.

[Azam et al. 1983] AZAM, F.; FENCHEL, T.; FIELD, J. G.; GRAY, J. S.; MEYER-REIL, L.A. und THINGSTAD, F.: The ecological role of water-column microbes in the sea. In: *Marine Ecology Progress Series* 10 (1983), S. 257–263.

[Besemer et al. 2009] BESEMER, K.; LUEF, B.; PREINER, S.; EICHBERGER, B.; AGIS, M. und PEDUZZI, P.: Sources and composition of organic matter for bacterial growth in a large European river floodplain system (Danube Austria). In: *Organic Geochemistry* 40 (2009), Nr. 3, S. 321–331.

[Bettarel et al. 2000] BETTAREL, Y.; SIME-NGANDO, T.; AMBLARD, C. und LAVERAN, H.: A comparison of methods for counting viruses in aquatic systems. In: *Applied and Environmental Microbiology* 66 (2000), Nr. 6, S. 2283–2289.

[Bleeck-Schmidt 2008] BLEECK-SCHMIDT, S.: *Geochemisch-mineralogische Hochwassersignale in Auensedimenten und deren Relevanz für die Rekonstruktion von Hochwasserereignissen.* KIT Scientific Publishing, 2008.

[Chen et al. 2001] CHEN, F.; LU, J. R.; BINDER, B. J.; LIU, Y. C. und HODSON, R. E.: Application of digital image analysis and flow cytometry to enumerate marine viruses stained with SYBR Gold. In: *Applied and Environmental Microbiology* 67 (2001), Nr. 2, S. 539–545.

[Colombet et al. 2009] COLOMBET, J.; CHARPIN, M.; ROBIN, A.; PORTELLI, C.; AMBLARD, C.; CAUCHIE, H. M. und SIME-NGANDO, T.: Seasonal Depth-Related Gradients in Virioplankton: Standing Stock and Relationships with Microbial Communities in Lake Pavin (France). In: *Microbial Ecology* 58 (2009), S. 728–736.

[Cypionka 2010] CYPIONKA, H.: *Grundlagen der Mikrobiologie.* Springer Verlag, 2010.

[Danovaro et al. 2008] Danovaro, R.; Corinaldesi, C.; Filippini, M.; Fischer, U. R.; Gessner, M. O.; Jacquet, S.; Magagnini, M. und Velimirov, B.: Viriobenthos in freshwater and marine sediments: a review. In: *Freshwater Biology* 53 (2008), S. 1186–1213.

[Findlay und Sinsabaugh 2003] Findlay, S. und Sinsabaugh, R. L.: *Aquatic Ecosystems: Interactivity of Dissolved Organic Matter*. Academic Press, 2003.

[Fischer und Velimirov 2002] Fischer, U. R. und Velimirov, B.: High control of bacterial production by viruses in a eutrophic oxbow lake. In: *Aquatic Microbial Ecology* 27 (2002), S. 1–12.

[Fischer et al. 2003] Fischer, U. R.; Wieltschnig, C.; Kirschner, A. K. T. und Velimirov, B.: Does virus-induced lysis contribute significantly to bacterial mortality in the oxygenated sediment layer of shallow oxbow lakes? In: *Applied and Environmental Microbiology* 69 (2003), Nr. 9, S. 5281–5289.

[Fuhrman und Hewson 2010] Fuhrman, J. und Hewson, I.: Plankton viruses. In: Steele, J. H. (Hrsg.); Thorpe, S. A. (Hrsg.) und Turekian, K. K. (Hrsg.): *Marine ecologial processes: A derivative of the encyclopedia of ocean siences*. Academic Press, 2010.

[Galand et al. 2006] Galand, P. E.; Lovejoy, C. und Vincent, W. F.: Remarkably diverse and contrasting archaeal communities in a large arctic river and the coastal Arctic Ocean. In: *Aquatic Microbial Ecology* 44 (2006), S. 115–126.

[Garneau et al. 2006] Garneau, M. E.; Vincent, W. F.; Alonso-Sáez, L.; Gratton, Y. und Lovejoy, C.: Prokaryotic community structure and heterotrophic production in a river-influenced coastal arctic ecosystem. In: *quatic Microbial Ecology* 42 (2006), S. 27–40.

[Hein et al. 2003] Hein, T.; Baranyi, C.; Herndl, G.J.; Wanek, W. und Schiemer, F.: Allochthonous and autochthonous particulate organic matter in floodplains of the River Danube: the importance of hydrological connectivity. In: *Freshwater Biology* 48 (2003), S. 220–232.

[Hein et al. 2004] Hein, T.; Baranyi, C.; Reckendorfer, W. und Schiemer, F.: The impact of surface water exchange on the nutrient and particle dynamics in side-arms along the River Danube Austria. In: *Science of the Total Environment* 328 (2004), S. 207–218.

[Hewson und Fuhrman 2003] HEWSON, I. und FUHRMAN, J. A.: Viriobenthos production and virioplankton sorptive scavenging by suspended sediment particles in coastal and pelagic waters. In: *Microbial Ecology* 46 (2003), S. 337–347.

[Jacquet et al. 2010] JACQUET, S.; MIKI, T.; NOBLE, R.; PEDUZZI, P. und WILHELM, S.: Viruses in aquatic ecosystems: important advancements of the last 20 years and prospects for the future in the field of microbial oceanography and limnology. In: *Advances in Oceanography and Limnology* 1 (2010), Nr. 1, S. 71–101.

[Lampert und Sommer 1993] LAMPERT, W. und SOMMER, U.: *Limnoökologie.* Georg Thieme Verlag, 1993.

[Laybourn-Parry et al. 2001] LAYBOURN-PARRY, J.; HOFER, J.S. und SOMMARUGA, R.: Viruses in the plankton of freshwater and saline Antarctic lakes. In: *Freshwater Biology* 46 (2001), S. 1279–1287.

[Livingstone et al. 2009] LIVINGSTONE, D. M.; ADRIAN, R.; ARVOLA, L.; BLENCKNER, T.; DOKULIL, M. T.; HARI, R. E.; GEORGE, G.; JANKOWSKI, T.; JÄRVINEN, M.; JENNINGS, E.; NÕGES, T.; STRAILE, D. und WEYHENMEYER, G. A.: Regional and supra-regional coherence in limnological variables. In: GEORGE, D. G. (Hrsg.): *The impact of climate change on European Lakes.* Springer Verlag, 2009.

[Luef et al. 2007] LUEF, B.; ASPETSBERGER, F.; HEIN, T.; HUBER, F. und PEDUZZI, P.: Impact of hydrology on free-living and particle-associated microorganisms in a river floodplain system (Danube Austria). In: *Freshwater Biology* 52 (2007), S. 1043–1057.

[Lymer und Lindström 2010] LYMER, D. und LINDSTRÖM, E. S.: Changing phosphorus concentration and subsequent prophage induction alter composition of a freshwater viral assemblage. In: *Freshwater Biology* 55 (2010), S. 1984–1996.

[Mathias et al. 1995] MATHIAS, C. B.; KIRSCHNER, A. K. T. und VELIMIROV, B.: Seasonal variations of virus abundance and viral control of the bacterial production in a backwater system of the Danube River. In: *Applied and Environmental Microbiology* 61 (1995), Nr. 10, S. 3734–3740.

[Mutschmann et al. 2007] MUTSCHMANN, J.; STIMMELMAYR, F. und KNAUS, W.: *Taschenbuch der Wasserversorgung.* 14. Auflage. Springer DE, 2007.

[Noble und Fuhrman 1997] NOBLE, R. T. und FUHRMAN, J. A.: Virus decay and its causes in coastal waters. In: *Applied and Environmental Microbiology* 63 (1997), Nr. 1, S. 77–83.

[Payet und Suttle 2013] PAYET, J. P. und SUTTLE, C. A.: To kill or not to kill: The balance between lytic and lysogenic viral infection is driven by trophic status. In: *Limnology and Oceanography* 58 (2013), Nr. 2, S. 465–474.

[Peduzzi et al. 2008] PEDUZZI, P.; ASPETSBERGER, F.; HEIN, T.; HUBER, F.; KARGL-WAGNER, S.; LUEF, B. und TACHKOVA, Y.: Dissolved organic matter (DOM) and bacterial growth in floodplains of the Danube River under varying hydrological connectivity. In: *Fundamental and Applied Limnology* 171 (2008), Nr. 1, S. 49–61.

[Peduzzi und Luef 2008] PEDUZZI, P. und LUEF, B.: Viruses bacteria and suspended particles in a backwater and main channel site of the Danube (Austria). In: *Aquatic Sciences* 70 (2008), Nr. 2, S. 186–194.

[Peduzzi und Luef 2009] PEDUZZI, P. und LUEF, B.: Viruses. In: *Encyclopedia of Inland Waters* 3 (2009), S. 279–294.

[Pernthaler 2005] PERNTHALER, J.: Predation on prokaryotes in the water column and its ecological implications. In: *Nature Reviews Microbiology* 3 (2005), S. 537–546.

[Pradeep Ram et al. 2011] PRADEEP RAM, A. S.; RASCONI, S.; JOBARD, M.; PALESSE, S.; COLOMBET, J. und SIME-NGANDO, T.: High lytic infection rates but low abundances of prokaryote viruses in a humic lake (Vassivière Massif Central France). In: *Applied and Environmental Microbiology* 77 (2011), Nr. 16, S. 5610–5618.

[Pradeep Ram und Sime-Ngando 2008] PRADEEP RAM, A. S. und SIME-NGANDO, T.: Functional responses of prokaryotes and viruses to grazer effects and nutrient additions in freshwater microcosms. In: *International Society for Microbial Ecology* 2 (2008), S. 498–509.

[Preiner et al. 2008] PREINER, S.; DROZDOWSKI, I.; SCHAGERL, M.; SCHIEMER, F. und HEIN, T.: The significance of side-arm connectivity for carbon dynamics of the River Danube Austria. In: *Freshwater Biology* 53 (2008), S. 238–252.

[Sachs 1992] SACHS, L.: *Angewandte Statistik*. 7. Auflage. Springer Verlag, 1992.

[Schiemer et al. 1999] SCHIEMER, F.; BAUMGARTNER, C. und TOCKNER, K.: Restoration of floodplain rivers: The 'Danube Restoration Project'. In: *Regulated Rivers: Research and Management* 15 (1999), S. 231–244.

[Tijdens et al. 2008] TIJDENS, M.; HOOGVELD, H. L.; AGTERVELD, M. P. Kamst-Van; SIMIS, S. G. H.; BAUDOUX, A. C.; LAANBROEK, H. J. und GONS, H. J.: Population dynamics and diversity of viruses bacteria and phytoplankton in a shallow eutrophic lake. In: *Microbial Ecology* 56 (2008), S. 29–42.

[Tockner und Stanford 2002] TOCKNER, K. und STANFORD, J. A.: Riverine flood plains: present state and future trends. In: *Environmental Conservation* 29 (2002), Nr. 3, S. 308–330.

[Weinbauer 2004] WEINBAUER, M. G.: Ecology of prokaryotic viruses. In: *FEMS Microbiology Reviews* 28 (2004), S. 127–181.

[Weinbauer und Peduzzi 1995] WEINBAUER, M. G. und PEDUZZI, P.: Significance of viruses versus heterotrophic nanofiagellates for controlling bacterial abundance in the northern Adriatic Sea. In: *Journal of Plankton Research* 17 (1995), Nr. 9, S. 1851–1856.

[Wilhelm und Suttle 1999] WILHELM, S. W. und SUTTLE, C. A.: Viruses and Nutrient Cycles in the Sea. Viruses play critical roles in the structure and function of aquatic food webs. In: *Bioscience* 49 (1999), Nr. 10, S. 781–788.

[Winter et al. 2004] WINTER, C.; HERNDL, G. J. und WEINBAUER, M. G.: Diel cycles in viral infection of bacterioplankton in the North Sea. In: *Aquatic Microbial Ecology* 35 (2004), S. 207–216.

[Wommack und Colwell 2000] WOMMACK, K. E. und COLWELL, R. R.: Virioplankton: Viruses in aquatic ecosystems. In: *Microbiology and Molecular Biology Reviews* 64 (2000), Nr. 1, S. 69–114.

[Yoshida-Takashima et al. 2011] YOSHIDA-TAKASHIMA, Y.; NUNOURA, T.; KAZAMA, H.; NOGUCHI, T.; INOUE, K.; AKASHI, H.; YAMANAKA, T.; TOKI, T.; YAMAMOTO, M.; FURUSHIMA, Y.; UENO, Y.; YAMAMOTO, H. und TAKAIA, K.: Spatial distribution of viruses associated with planktonic and attached microbial communities in hydrothermal environments. In: *Applied and Environmental Microbiology* 78 (2011), Nr. 5, S. 1311–1320.

Abbildungsverzeichnis

Tabellenverzeichnis

Anhang

Fotos der Probenahmestellen

Eberschüttwasser (EW): Dichter Bewuchs von Schwimmblattpflanzen.

Kühwörther Wasser (KW): Blick auf den oberhalb der Gänshaufentraverse gelegenen Teil des Kühwörther Wassers.

Mannsdorfer Hagel (MH): Blick in Richtung des Zuflusses in die Lobau.

Regelsbrunn (RB): Ansicht des Augewässers stromaufwärts der Traversen bei Regelsbrunn.

Donau (DA): Flussaufwärts gerichteter Blick auf die Donau bei Wildungsmauer.